U0308956

贝壳姐带你系统学理财

贝壳姐 著

中国铁道出版社
CHINA RAILWAY PUBLISHING HOUSE

图书在版编目（CIP）数据

贝壳姐带你系统学理财/贝壳姐著.—北京:中国铁道出版社,2018.11
ISBN 978-7-113-24920-5

Ⅰ.①贝… Ⅱ.①贝… Ⅲ.①财务管理-通俗读物 Ⅳ.①TS976.15-49

中国版本图书馆CIP数据核字(2018)第200930号

书　　名：**贝壳姐带你系统学理财**
作　　者：贝壳姐　著

责任编辑：吕　芠　　读者热线电话：010-63560056
责任印制：赵星辰　　封面设计：MXK DESIGN STUDIO

出版发行：中国铁道出版社（100054，北京市西城区右安门西街8号）
印　　刷：北京铭成印刷有限公司
版　　次：2018年11月第1版　2018年11月第1次印刷
开　　本：880 mm×1 230 mm　1/32　印张：8.5　字数：158千
书　　号：ISBN 978-7-113-24920-5
定　　价：52.00元

推　荐　序

一个人一生能积累多少钱，不仅取决于他能够赚多少钱，更取决于他如何理财。理财，就是管理好财物，包括赚钱和花钱两方面。人的一生有不同的人生阶段，应该做好不同阶段的理财规划，管理好自己手上的资产。理财是一个长时间学习并积累的过程，我愿与大家共勉。尤其是所有的中国青年，更应该树立起正确的理财观念，掌握一定的理财技能，毕竟“啃老”不能过一生，也更因为青年是一个国家的未来，青年兴，则家国兴。

理财是一个观念问题，是一种生活态度，不论贫富、地位，学会理财都能让人事半功倍。但是投资理财并不是一件容易的事,涉及经济学、金融学等各类专业知识，而《贝壳姐带你系统学理财》这本书以中国青年的实际生活出发，把专业知识用浅显易懂的生活实例和朴实无华的语言，从理财规划、信用卡、银行理财产品、基金、股票、房产、外汇、贵金属等诸多方面来讲述，构架了普通人能够受用一生的理财脉络，可以作为中国青年理财的普及扫盲版本，倡导了一种符合时代的新观念——“理财是每个青年都不可或缺的生活技能”，更配以原创的漫画，使理财书也变得有趣可读，这是一个非常有益的尝试与创新。

在西方国家，理财早就成为每个人、每个家庭的日常生活的一部分，也形成了一个发达的理财行业，同时催生出诸如注册国际投资分析师（CIIA）这样的金融投资领域高级的国际认证资格证书。而在我们国家，理财处于刚刚起步阶段，尤其是青年人普遍缺乏一定的经济知识和理财意识。我希望这本书可以帮助大家及早树立正确的理财观念，逐渐学会能实践的投资理财知识，为更好的生活迈出第一步。

现以此文为序，表示我的支持与祝贺。

（签名）

自　序

这些年，很多中国青年前赴后继进行创业，在失败中成长，在成功中发展，很多人都因为创业改变了自己的一生。其实，他们在创业的这个过程中，都不知不觉地学会了对财富的管理。这种本事，说大了叫“资本运作”，说小了就是“理财”。不管是企业、家庭，还是个人，做好不同阶段的理财规划，管理好自己手上的资产，就会是“赢家”。在这里我希望中国的年轻人，尤其是创业者，都应该有正确的理财意识，具备管理资金的能力。因为每一个梦想的达成，都离不开资金的支持；每一份情怀的被认可，都离不开财富的堆叠。

但是投资理财，其实又是一门很专业的学问，涉及经济学、金融学等社会方方面面的知识，这就非常有必要让我们去不断学习。贝姐基于年轻人的生活实践，用鲜活的生活实例配上原创的漫画出版此书，希望可以帮助到越来越多的年轻人，开始动手学习与实践。哪怕只有一个人能够在我的引导下，获得改变人生的机遇，开启自己的财富人生，我就认为自己所做的一切都是值得的。

贝姐是一个文艺青年，从一无所有、白手起家，经历过10年才成就了如今的我。从一个文艺青年到2017年真正拥有中国基金业协会的私募管理人资格，发行有自己的证券私募基金产品，这当中离不开无数贝壳粉丝对我的鼓励与支持，但更多的是我对未来、对生活的积极态度与勤奋努力。我的不足之处还有很多，但是正如魔羯星座的最大特点，我最擅长的一件事，就是坚持，哪怕就我一个人，我也会坚持10年，何况现在有你们在我的身边，我觉得一群人走一条路，应该更容易才对，但愿你们中也有人能跟贝姐一样：学会在生活中坚持！因为成功并没有捷径。当然如果看完书意犹未尽或者有宝贵意见，也欢迎大家关注贝壳CLUB（微信公众号:beikeclub）。

从现在开始,坚持自己的理财学习之路吧,因为**人生最值得投资的就是你们自己**。

贝壳姐

书于箭湖畔

目录 CONTENTS

01 第1篇 理财入门篇

02 第2篇 理财实践篇

03 第3篇 理财工具篇 保险这样买

04 第3篇 理财工具篇 基金这样买

05 第3篇 理财工具篇 房子这样买

06 第3篇 理财工具篇 银行理财这样买

07 第3篇 理财工具篇 股票这样买

08 第3篇 理财工具篇 资产配置这样做

09 第3篇 理财工具篇 债券这样买

10 第3篇 理财工具篇 外汇期货这样买

11 第3篇 理财工具篇 创业经

12 第 4 篇 理财问答篇

粉丝问答录

篇首语

Hello！大家好！我是贝壳姐。感谢大家支持《贝壳姐带你系统学理财》。

可能很多朋友没有听过贝壳姐的名字，相信经常玩理财投资论坛的朋友看过一篇文章:《从一无所有到500万——我的财女成长记》，那篇文章就是我按照自己的成长经历写的。后来我创立了贝壳Club，贝壳姐的名字就由此而来啦！

我们这本书主要针对中国青年定制，很多年轻的朋友没有想过理财，也不懂理财知识。这本书就是系统地教大家去理财，我们侧重两点：一是帮助大家树立正确的金钱观念和理财观念；二是在理财知识系统化之外，更侧重实战性。

在我们这本书中，大家会听到非常系统化的理财知识。为了避免理财知识过于枯燥，我们中间穿插了不少真实案例帮大家解读，既有像巴菲特、索罗斯这样的金融大鳄，又有贝壳Club里面的成员理财之路的分享。贝壳姐力求我们书中的理财知识既能让大家听得懂，又能指导大家的实践，好玩有趣，贴近生活。

01 第 1 篇 理财入门篇

小财女成长记：从一无所有到500万元

在开始讲理财之前，贝壳姐就先来说说自己是怎么从一穷二白的境地开始理财的。

其实关于理财，我也是在学习中慢慢成长起来的。以前并没有明确的理财观念，只是隐约觉得自己该动脑筋让辛苦所得的血汗钱跑赢通货膨胀，这就是我的初衷。到后来，受我国经济发展的大趋势的带动，不但跑赢了通胀，还有盈余，这的确是出乎我意料之外的惊喜。

我出生在一个非常普通的家庭，父母都是普通事业单位的职员，而且在我4岁那年，我的父亲得了脑部癌症，虽然侥幸活了下来，但从那以后，我父亲就再也没有上过班，一直是母亲独自一人支撑着整个家庭的开销。在这样的家庭中长大，我从小就懂得了独立的重要性，给父母一个安乐的晚年就成了我的人生奋斗目标。

先说一下我们家庭的财务状况，到2003年我大三的时候，家中几乎没有任何积蓄，除去生活所需和赡养奶奶和外公的开

销，母亲几乎把所有的钱都用在了供我读书上，当时最值钱的就是我们家住的小房子，50多平方米，到目前也就值40万元左右。

我个人资产为0，这就是我的理财0起步。

2004年大学毕业后，我放弃了读研究生的想法，立刻参加了工作。第一年我在我们当地的区级新闻媒体担任记者、编辑，而且是个编外人员。一年后我跳到了市级媒体，做财经人物的专访记者，那几年，出差、采访、写稿、节假日加班是家常便饭，根本没有时间陪伴父母，我不喜欢这样的生活。

而我的父母从一开始就希望唯一的女儿也能进机关事业单位，用母亲的话说，女孩子不要这么累，这样比较安稳。

于是从2003年下半年到2006年上半年，除了工作，我也在不断地参加各类公务员和事业编的考试，前后一共考了8次，屡战屡败，但从未放弃。直到2006年4月，母亲拉我去参加第9次事业编考试，我很不情愿地去了，没想到却考了第一名！

就这样我进了文化部门，成为一名普通的事业单位员工，实现父母心愿的同时，我也稳定了自己的财务状况。

进入事业单位以后，我也没有就此清闲，在做好本职工作的同时，也开始帮别人写点稿子，赚点小外快。

人们都说积累财富要有自己的第一桶金，贝壳姐的第一桶金和其他人不太一样。我相信现在大部分家长都希望孩子的人生是这样的：考大学——毕业工作——工作稳定后结婚生孩子。更何况是2006年那时候。

贝壳姐工作稳定后，就开始被父母催婚了。我不想为了物质条件去嫁什么有家底的公务员、医生、老师，以后看婆家脸色过日子。为了爱情我选择了我的高中同桌，来自穷山沟，同样一无所有。我想，钱可以靠我们努力得到，但这份感情是金钱无法给

予的。到现在我都很自豪自己没有在物质面前投降，这是一件比较幸福的事。

“嫁对人”，是我给自己定义的人生第一桶金。

我们确定关系后，开始考虑结婚，可是没房子、没钱，怎么办呢？我们没人可以依靠，我们必须要更努力才行，当时正好我先生工作单位想派他去国外，于是我忍着心中的不舍，狠心地送他去了国外工作。好在我先生毕业于电子科技大学，IT男在全球范围都还挺吃香的，在国外工作年薪20万。同时我也进入工作稳定期，各种收入加起来也有10多万一年。

一边努力工作，一边开始物色房子，这就成了我当时的常态。在反复比较后，我终于在我们市中心老牌富人区选择了一处新房子。这里我有必要告诉大家一个选房经验：买房子买的就是地段。虽然这个婚房我们打算自住，但是我考虑：如果将来我们要卖掉这房子，买家会是怎么看我们的房子的？

这套房子位于著名中学对面，离市中心广场只有12分钟车程，多路公交直达，周边幼儿园4个，医院2个，菜市场2个，各大超市均有，是宁波老牌富人区，住户的综合素质应该也是比较不错的，既保证了孩子读书的需求，又满足了老人的买菜就医等生活需求，我想这样的房子，其价值不言而喻。

2008年上半年，该处房子一期开盘，每平方米8 700多元，考虑到我们将来与父母同住，我坚持要买142平方米的户型。当时我们俩都不到30岁，刚稳定下来，还没有多少积蓄，首付的钱远远不够，于是我先生就有点埋怨我，不该求大。但我坚持我的选择，我认为，首先，买套小的，将来再换大的，这里面生活品质的下降无法用金钱去估量；其次，等我们再换房时也不一定能选到好地段，这当中要经历很多麻烦，支付很多税款就等于亏损，所以，不如咬咬牙一步到位。

可是总房款124万元意味着首付52万元，该怎么办呢？我们只好求助亲朋好友，终于凑齐首付买下了住房。出乎意料的是，目前这个楼盘二手房的价格已经达到2万元/平方米。这就意味着我们拥有了280万元的固定资产。因为其地段优势明显，生活便利，供不应求。

自此，我们有了初步的财产积累，我开始了累积后再投资的阶段。

在这里，贝壳姐要和大家分享的理财观念的第一点：理财不等于守财。

到2011年我们有了点积蓄，临近农历年底，春节前夕，我奢侈地买了一辆美国进口吉普车，花了28万元，从此开始了自驾中国8万公里的旅行。此后一年，我带着全家，花了10万元在自驾旅行上。我一直认为这钱花得很值，孩子长了见识，父母的晚年生活也更精彩。

贝壳姐一直认为，理财、挣钱是为了不断提高家庭生活品质，而不是一味的守财。理财的目的，不就是为了能让我们的生活更幸福么？

再后来我就琢磨着投资商铺，投资商铺这个想法我也要和大家分享。马云说过中国未来会成为电子商务的时代。那种居民区

的沿街商铺，投资价值其实并不大，这从目前很多二三线城市的住宅商铺空有高价但无市场就可以看出来。但实体商业作为一种业态，肯定也会一直存在下去的，毕竟人们总要逛街的，那么像商业广场这种集中型的商业店铺就脱颖而出。地段好、商业集中、综合娱乐设施齐全的商业广场是今后店铺投资的重点方向。

经过仔细观察，我买下了一个不到20平方米的小店铺，店铺在商业广场电梯口的位置，楼上是电影院。我买的时候是20多万元，很快就涨到30多万元了。当时我拉了朋友一起买，他买在我隔壁，我们两个面积加起来40平方米左右，以后可以整体出租，也可以分割，应对市场需求可以灵活处理。

不过当时这笔钱我还拿不出，手里只剩下10多万元流动资金了，于是我又用某银行的白领通卡借了钱，不过这个钱现在早已经还清了。

最后补充下，这些年为了加强家庭的保障，我还给家人购买了意外险、重大疾病险、分红型保险。我是这么打算的：万一有什么事情，总是能给家庭多一份保障，而且保障这方面不能用理财的思维去计算。我们要理财，但是不过度追逐利益。

到这里，贝壳姐的十年个人理财奋斗历程基本就说完了。

从2008年到2014年，通过投资、股票、基金、保险，购买理财产品，还有艺术品投资，贝壳姐实现了从一无所有到现在成为拥有500万元的小财女的目标。投资理财不仅完善了家庭的保险保障，维护了家庭的温暖，还提高了父母的晚年生活品质。学会理财，确实是一件非常值得的事情。

我们大部分人年轻的时候都一穷二白，只有不断通过个人奋斗去积累财富，在积累财富过程中，树立一个正确的金钱观念是非常必要的。我们这本书不求在大家年轻的时候因为理财能立刻致富，但愿能帮助大家养成理财意识，从此开启经济独立之路。

你可能不知道你已经走入了理财误区

自从我撰写理财文章《从一无所有到500万——小财女成长记》以来，收获了很多粉丝，很多朋友都说想跟我学理财，也有很多人会问我一些具体的投资获利技巧，比如：怎样从股市里挑选出优秀的股票；买哪个基金；等等。

我们投资理财都是为了能赚钱，过更好的生活。大家的问题我都能理解。钱财的吸引力，自古以来就令人难以抵御。谁不愿意银行存款日涨夜涨？谁不喜欢资产净值直线上升呢？

贝壳姐在这里要和大家特意说明：我们在开始学习投资理财之前，首先要摆正心态。

当然啦，一个人努力工作，努力赚钱，愿意去学习理财知识，毋庸置疑，这是很正确的观念和态度。我下面提到的这几点，大家可以比对一下是否和你或你身边的亲戚朋友的心态有相似之处。

第一点，我们这个时代，已经不太可能有一夜暴富的神话，除非你买彩票中大奖。财富都是从0到1，慢慢积累起来的。所以在学习之前，请不要问贝壳姐，快速致富的方法。

现在社会上慢慢流行“消费主义”，年轻的时候要享受生活，想要的东西我就买买买，说走就走的旅行等等。这样的生活确实很美好，但很多年轻人几乎为此月光甚至负债。我问过一些年轻的朋友，他们总觉得会花钱才会挣钱，好好享受生活了，到时钱会自然来的。还有一些朋友，要结婚买房了，发现自己没多少存款，即使父母出个首付，他连房贷都还不起，就跑来问我：“贝壳姐，我要怎么样才能快速赚到买房的钱？”有的人真的懒到家，既要享受生活，又不愿狠下心去奋斗，爹妈的钱又不 够他啃老的。

财富面前，人人平等，每个人都要靠自己的勤奋努力并把握机遇才可以达到财富积累。

第二点，不可贪心，俗话说“人心不足蛇吞象”。生活中，为追求金钱物质不惜铤而走险，最终付出健康、自由、良知、家庭甚至生命代价的个案时有发生，股市中多少这样的例子？再比如前段时间很热的“裸贷”。曾经一位贝壳粉丝找我诉苦，说他的股票全赔了，再也不想炒股了。为什么会全赔呢？形势不好的时候抛售也不至于全赔啊！这位粉丝说，当时他买的某只股票，一开始赚了一两笔，尝到甜头了，后来股价跌了一部分，他没转出，又买了两倍数量的该股股票，后来那支股票一跌再跌，他前后赔了几十万，老婆闹着“再炒股就要离婚”，他就狠心卖了。 我问他，为什么股价跌的时候要立马追加买入呢？你分析这个公司的财务情况了吗？他说并没有，还说人巴菲特不就这么发家的吗？低价买入、高价卖出，而且当时已经赔了，就想着没准多投入进

去，股价涨回来自己能多赚一笔呢！这位粉丝也是刚入门没多久，想学巴菲特，却连股市门道还没摸清，后面就带有赌博的心理了，说到底都是太贪心导致的。我们都是普通人，要懂得见好就收。大家想，我们一个人那么点钱，就一个脑袋，肯定斗不过机构，要懂得见好就收。还有一点，及时止损，没有承担高风险的能力，就不要再赌博一把。别以为自己是不出世的神手，最后很有可能你之前的辛劳付之东流，保住身家是幸运，如因此背负巨债那也是自尝苦果。

精彩音频　即扫即听

第三点，客观分析，分散投资。很多贝壳粉丝手头都有闲钱，有的贝壳粉丝手头闲钱有几十万到一百万不等，他们就来问我，手上有闲钱该怎么投资呢？我都买房子行不行？我都买金条行不行？我们首先应该客观分析自己的现状，比如这笔钱能闲置多久，这跟将来的投资时间长短有关；我们还要考虑，这笔钱是真的闲置，还是离开这笔钱你无法生存了，这跟我们将来投资能承受的风险程度有关。当然，我们所有的投资都要有一个心态，稳定第一。因为我们小老百姓可经受不起大损失。其次，摒弃大贪心，我们追求安全稳定的小利益。以100万元为例，我的建议是可以10%放贷，20%做宝宝类临存，20%做银行短期理财。请注意，以上的投资50%基本都是安全保本而且有收益的，剩下的40%，可以考虑股票、基金、投资创业，这些风险都比较高，要看大家是否对某一项有感觉，也要看自己的承压能力如何。我个人认为，10%买股票，10%买基金，20%用于创业，投资个小生意，这样的配置比较稳妥，即便一个亏了，也总有赚的。这一条，也是某类投资占比问题的答案。

第四点，理性对待沉睡的资产。有些人总觉得自己没钱，是的，也许现金很少。之前有位贝壳粉丝说他家是农村的，家里一穷二白，只有一块地。还有贝壳问我，有套老房子，不好卖，爸妈也不住，空着怎么办？当然是赶紧出租掉啊，租不了1 000块，租700块也行啊，这可都是财富啊。我们理财就要有这个意识。大家想一下，如果把这些沉睡的资产唤醒，想好怎么把地用起来，怎么把空置的房子用起来，你的现有财富还会少吗？

第五点，梳理信息，精准分析。现在世界上每天的信息量都很大，我们要注意筛选有用的信息，信息是帮助我们判断理财方向的前提。有时间看书当然也很好，很多人问我看什么理财书，要求精确到书名，其实理财书各有千秋，对于想学理财的小白来说，我推荐两本经典读物：《穷爸爸富爸爸》《小狗钱钱》其他的书会在书末做具体推荐。

第六点，理财不等于我们的财产万无一失。这两年很多互联网金融以高收益的理财产品来吸引老百姓投资，比如e租宝，还有很多的P2P和民间借贷机构。老百姓投钱以后，机构却没了，人都跑了，结果很多人的血汗钱就这么没有了。这是比较极端但很现实的例子，贝壳姐想用这个例子告诉大家，任何理财，只要

你把钱放出去，那就肯定有风险，世界上没有百分百绝对保障的事，只能说风险是与收益相对应的，风险低的收益低。比如现在去银行存定期，风险是降到最低了，可是跑不赢通胀啊，可是想要高收益就要承受高风险，所以大家得根据自己的风险承受能力来做理财，尽量去跑赢通胀。

许多富人之所以能在一生中积累较为充裕的财富，其中重要的一点，就是他们拥有投资理财的能力。换句话说，人们对于理财知识的差距，是造成贫富差距的原因之一。所以我们又回到理财心态的问题。不要只是抱怨“老天不公”，或者羡慕富人，有这些羡慕或埋怨的时间，不如调整好我们的理财心态，抓住时机学习有效的理财知识和技能。比如了解各类投资工具的特性，制定一个整体计划去加以实行。总之，倘若心态不好，即便有最棒的理财方法也是徒劳的。

什么时候是开始理财的最佳时机

很多人可能会问，从什么时候开始理财最好呢？在现实生活中，当身边有人这样问的时候，大概都是因为他面对了来自于生活的压力。比如说很多年轻人，大学毕业后，再也不好意思找家里要钱，但是微薄的薪水和现实的残酷却是不得不去面对的，怎么样用这份小收入支撑起一整个家庭的开销呢？于是，就会开始琢磨怎么理财，怎么攒点钱，怎么去扩大收入来源，怎么去使手头上仅有的一点余钱不被央行的通胀给吃光。

在国外，很多人从小就开始接受家庭理财教育，所以他们更懂得节约务实，生活中也更有理财观念，长大后靠自己赚取财富来买房买车等等。但很遗憾的是，大部分的中国家长并没有从小培养孩子理财的习惯，理财教育的缺失导致了很多独生子女只会啃老，等到了大学毕业工作了要结婚了才想到

要理财，甚至到了成家后自己要独立撑起一个家庭了，才意识到要理财了，可那时候已经浪费了大好的青春岁月。但有句话说的好，做一件事最好的时间是10年前，其次就是现在！那么，恭喜您，正在读书的您一定已经让理财意识觉醒，跟着贝壳姐一起来学习吧！

理财，其实不止是理手里的现钱，还能理出未来的大财富。

在这里我想给大家讲一个与股神巴菲特有关的小故事。当然，这是一个真实的故事。

在美国纽约曾经有一对教授夫妻，43年以前他们因为出版书籍得到了5万美元的稿酬，可他们不知道怎么用这笔钱，于是他们就跟朋友巴菲特提到了这个事情，巴菲特就问他们："你们能相信我吗？要是能相信我，就把钱投入我的公司，我来管理好吗？"当时这对夫妻就答应了。之后，他们从来没有过问这个事情，几乎忘记了这笔钱的存在，30年以后，教授先生去世了，巴菲特去参加了葬礼。在葬礼上，他对教授太太说："你还记得曾经放在我这里的5万美元吗？现在已经涨到六千多万了。"教授太太惊讶不已。

看到这里，可能很多朋友也会惊讶，这怎么会从5万美元涨到6千多万美元呢？这就是贝壳姐想告诉大家的，理财的一大作用就是能享受到"复利"。

“宇宙间最大的能量是复利，世界的第八大奇迹是复利。”

——爱因斯坦

复利很好理解，就是通常意义上人们所说的“利滚利”。伟大的物理学家爱因斯坦曾经说过：“宇宙间最大的能量是复利，世界的第八大奇迹是复利。”因为复利完美地扩张了时间的价值空间，财富倍增效果无与伦比。有一个人，他创造了世界第八大奇迹，这个人就是沃伦•巴菲特。1956年巴菲特个人财富为14万美元，50年后的2006年，他的个人财富超过400亿美元，成长了28万倍，折合年利率为28.6%。如果将时间前推，1950年巴菲特个人财富为9 800美元，56年时间成长了408万倍，折合年利率为31.2%。巴菲特曾经在演讲中说到：“复利有点像从山上往下滚雪球。最开始时雪球很小，但是往下滚的时间足够长，而且雪球粘得紧，那雪球就会很大很大。”巴菲特是在用滚雪球比喻自己是通

过复利的长期作用来实现巨大财富的积累的。那么，我们是否可以向巴菲特学习起来呢？就算我们不够聪明，但至少可以坚持去形成复利呀！

我再举个例子：如果一个年轻人从25岁开始理财，那么距离他60岁退休的时候，还有35年，假设他用10万元做本金，每年只要10%的收益率，那么35年以后他就能收获281万元；那如果每年收益率有15%呢，35年以后他就能收获1 331多万元，等他退休的时候，完全可以成为一个千万富翁。听到现在，大家是不是有点小兴奋了呢？

其实理财不是什么特别难的事，难的是坚持。在复利的神奇故事中，大家要注意最重要的一点，就是时间！你越早开始理财，你产生复利的时间肯定越多，你脱贫的机会自然越大，而且越早。不要等到人近中年才想到去学习理财，那前面浪费的10年光阴，少了10年的复利时间，这损失可是巨大的。所以，理财要趁早，赶早不赶晚。

月入1万元比不上月入5千元的秘密

不知从什么时候起，学习理财就慢慢成为年轻人讨论的热点话题，想学理财的朋友会寻找各种学习的途径，会对某个不能理解的问题展开热烈讨论。但大部分年轻人并不懂得理财究竟是什么。理财展开说，就是管理财富。有的人就说了："财富？不就是钱吗？理财不就是管钱吗？我自己的钱我从小就会管，这难道还用学？"

我们上高中的时候都学过，钱就是"货币"，货币是商品交换的产物。我们用钱换取我们想要的东西，衣食住行，旅游购物，钱既能满足我们一切物质的需求，也能在一定程度上满足我们的精神需求。

所以大家都说："钱不是万能的，但没有钱是万万不能的。"

理财说白了，就是管理我们的财产。目的自然是希望我们的财产安全保值，然后得到升值，提高我

精彩音频　即扫即听

们的生活质量。

回到我们本文主题“月入1万元比不上月入5千元”。为什么这么说？两个好朋友A和B，大学毕业一年，A在上海，B在杭州，每月工资扣除五险一金和个税，A到手11 000多元，B到手5 500元左右，A的收入是B的两倍。刚毕业都辛苦，第一年都没攒下钱。工作第二年结束的时候，B存款2万元出头，A不仅没有存款，反而蚂蚁花呗还欠了小1万元。A就纳闷为什么呢？

我们来看A和B的花钱习惯：

A月薪11 000元，每月房租2 500元，水电燃气费、公交地铁费、生活必需品我们按800元来算，这就剩了7 700元。A的公司福利不错，午餐、晚餐公司免费提供，早餐基本花销按每月500元计算，剩7 200元。这7 200元就是A每月可自由支配的收入。A不喜欢在公司吃晚餐，加班之后总想犒劳自己，和同事朋友小聚，工作日大都如此，一顿饭我们按100元来计算，一个月按20天计算是2 000元。双休日喜欢和朋友买买买，吃饭加购物，一个周末一两千出去了，我们按一个月购物2次，总额3 000元计算，剩余2 200元。A喜欢旅游，五一、十一都要出去玩儿一圈，仅在国内远途，一次就要花三四千，包括机票、住宿，品尝当地美食特产。除此之外，A还喜欢淘宝，没事儿买点办公室零食、有趣小物件儿。一个月下来钱几乎所剩无几，甚至还要常常用蚂蚁花呗付款。

B月薪5 500元，每月房租1 700元，扣除水电燃气公交地铁费，按300元计算，剩余3 500元。B的公司福利也不错，管午餐和晚餐，B早餐在家自己做，食材每月按照200元计算。B平时不怎么出门，作息比较规律。平均两个月一次接待来杭州的朋友，每次花费我们按1 000元计算，平均到每月是500元，剩余2 800元。B也喜欢旅游，一年会攒钱去一次国外或者国内比较远的地方。旅游基金按每年10 000元计算，平均到每月800多元，扣除旅游基金，每月可存款不到2 000元。除去购物等花销，一年下来不到2万元。年终奖发了双薪，B拿出一半作为储蓄。这样一年就存下约3万元。

以上详细的说明，是为了让大家更形象地知道，为什么月入1万比不上月入5千呢？猛一看觉得差别不大，但每一天，每一周的花销，日积月累，理不理财，差别就是这么大。

假设我们手里有10万块钱，可能很多人觉得自己这10万块钱在银行定存，明年总额是10万块本金加上1年的定存利息。但事实真的是这样吗？明年的10万块还和今年这10万块有相同的购买力吗？我们在这里要先打个问号。

我们是生活在社会大环境中，金钱的流通也要考虑各种因素，物价上涨或下跌，通货膨胀或紧缩，都会影响我们这10万块钱的真正价值。

人本身就有趋利避害的习性所在，大家都知道要去挣钱，让自己钱越多越好，但是理财并不是与生俱来的能力，它是需要通过不断学习和实践，慢慢锻炼出来的一种能力。很多人都看到巴菲特年轻时就获得了巨大财富，但并不知道巴菲特从6岁开始就学习研究股票了。我们学习理财，就是要让手里的钱能够跑赢通货膨胀，不仅不缩水，还要有升值盈利。

贝壳姐相信，每一位年轻人都有属于自己的梦想，而能支持起每一个梦想实现的，那一定就是经济实力。不管是你想实现去环游世界的梦想，还是想办成孝顺父母、结婚、生子、教育孩子等大事，亦或是你想开创一份属于自己的事业，这些都需要一定的财富积累作为支持，这也就是我们今天学习理财的意义所在。

02 第 2 篇 理财实践篇

小白算家底：理财先“知己”

贝壳姐相信每一位认真阅读这本书的小伙伴都有一个理财的愿景，这段时间贝壳姐又收到许多粉丝的问题，其中最有代表性的问题就是：我该怎么开始理财呢？

老话说得好，“知彼知己，百战不殆”。咱们想要理财，首先从“知己”开始，我们做的第一件事就是检查自己的财务状况，然后再进行理财规划，“知己”就是理财的开端。

那说到这里，有的小伙伴可能会问，财务状况都是明摆着的，有什么好检查的呢？其实，这里面有很多门道的。

请大家放空大脑，深呼吸一下，跟我一起来了解自己的财务情况。单身狗们可以只统计自己一个人的收入情况,有小家庭的童鞋们请统计小两口的总收入。虽然有可能统计下来的结果让人感觉现实很骨感，但希望接下来大家可以跟着贝壳姐一起树立丰满的理想。

第一步，请大家检查自己或家庭的常规收入情况，这个常规收入就是指工作收入、投资收入等。工作收入是出卖劳力和智慧

赚来的钱，包括工资、奖金、分成；投资收入是以钱赚钱，包括房子的出租、出售、入股分红等。

第二步，请大家检查自己或家庭的其他收入情况。其他收入很好理解，就是指大家在主业工作之余的各种兼职类收入，俗称外快。贝壳姐非常鼓励大家趁年轻做一个有想法的人，在搞好主业的同时开拓一下副业，这不仅能增加收入，而且能让你的生活更加充实精彩，更重要的是，能体现你的人生价值。

人生就是一块调色板，我们不要只画一种颜色上去，不然未免过于单调了。那有的小伙伴就说了："贝壳姐，我啥也不会，但我想搞点副业，那我搞什么好呢？"我想说，困难肯定是有的，但我们要相信办法总比困难多，你要是有这心思，不妨找朋友一起交流探讨一下，大家一起帮你出点子，我想总能获得一些解决问题的方法甚至可以得到答案。

第三步，检查一下目前手头上的现金、存款、股票、外汇、基金等等，折合人民币一共有多少钱。千万要数清楚，这个环节是为了让我们心里清楚，万一有一天没有了收入来源，我们手上现有的非固定财产能支撑你多长时间。换句话说，扣除掉能维持你3～5个月生活费用的非固定资产，剩余的钱都可以拿去投资，让钱生钱，享受复利的好处。

第四步，我们来检查一下实物型财产。实物型财产也很好理解，就比如住房、车子、商铺、办公楼等。检查清楚我们的固定类资产，这意味着将来我们能翘动多少资产。为什么这么说呢？如果需要向银行借款去创业、去买什么东西等，那银行一定会看你的固定资产情况。这是非常重要的环节，大家检查好，做到心中有数，那你就知道你是否能从银行借来钱，能借来多少钱。那做事情之前就可以心中有数，就可以提前进行安排了。

通过以上四个步骤，我们基本上就可以清楚地了解自己到底有多少家底和实力。另外，我们还需要了解自己的开支和负债情况。

第五步，请大家检查一下自己或家庭的固定开支。有兴趣的朋友可以根据自己每个月的情况列下固定开支有哪些项目，分别花多少钱，统计一下就可知道结果了。贝壳姐初步帮大家列了一下，就是每个月的饭费、交通费、手机费、房租、水电燃气费，这五样估计大多数人都少不了，那有部分朋友也许还有每月固定的车贷、房贷。

第六步，我们再来检查一下每个月的非固定开支。非固定开支有很多，比如临时的宴请、红白喜事礼包、汽车保养费用、信用卡还款、逛街购物费、旅游费等等，大家也可一一列表。

通过以上两步，我们就可以清楚地知道自己的开支和负债，然后与收入情况相对应。这样，我们对自己的财务状况就能有深入清晰的了解了。

了解自己的财务状况有助于大家建立正确的理财规划，为理财确立好方向。方向是非常重要的，因为方向如果不对，那怎么努力走都

精彩音频　即扫即听

是白费。

最后，我们再来说说收入一项中最重要的薪水。老板给你加薪多少，才算真正的收入涨了？不说具体金额，我知道你们收入都喜欢保密，所以这里我只说你的薪水的增加幅度。如果每年老板给你加薪超过你原来薪水的8%，那才是真正的加薪，不然，你的加薪部分还跑不赢因为通货膨胀而缩水的部分。

举个例子，比如有位朋友年薪6万元，那一年的通货膨胀率大概为8%左右，那对于6万元来说就是4 800元，平均到每个月就是400元。每个月加薪在400元以上才是真正的加薪，才会让他的全年收入真正实现升值。

制订理财规划：你忽略的问题说出来吓到你

在前面的文章中，贝壳姐教大家如何盘点自己的收入开支情况，然后看看收入和开支能不能对应起来。理的时候，有些月光族会很心塞，发现余额变成了0甚至负债。为什么要这样费时间去理一理，我就是要让大家充分认识到现实如此残酷，然后才能下定决心跟着贝壳姐一步步去学习理财，最终去拥抱丰满的理想。

我们说学习理财，首先要了解现状，然后还要感知未来，那贝壳姐用不短也不长的人生经历告诉大家，在我们的人生理财路上，要根据六件大事来做自己的规划。

第一，人生各个阶段的要义：24岁以前，很多人的任务是读书，那么很少有收入；24～30岁，一般情况下，小伙伴们都开始上班工作，开始有收入，但是收入还比较少；30～35岁，很多人都逐渐走上事业旺旺的道路，收入也水涨船高；35～50岁，大家几乎都逐渐成为公司和家庭的顶梁柱，地位、收入达到峰值；50岁以后的20年，逐渐进入晚年退休生活，开销日益增大，收入减少。这个人生轨迹，能符合普通大多数人的情况。

第二，人应该对自己有个规划。很多人都讲过人生规划，我觉得人一生应该有三个规划，一是职业生涯的规划，二是事业生涯的规划，三是家庭生涯的规划。我认为任何理财活动都是围绕着这三个规划进行的。金钱应该围绕着我们的人生规划来运转，而不是“人为财死”，我们要做金钱的主人，让金钱围绕着我们的三个规划而聚集。

第三，在通货膨胀中尽量避免财富贬值。如果未来30年通货膨胀以较低的数字增长，就以6%来计算，那意味着现在存在银行的100万元，30年后就只剩下15万元，约80万元消耗在时光的通胀里。多么可怕的数据，所以贝壳们快行动起来吧！

其实关注经济的人应该都知道，现在银行存款利率越来越低，如果某个银行推出了一个年化收益率4.8%～5%的理财产品，那这就属于稀缺产品了。国内存款利率的下降，很多人有意见，但我们看一下，国外银行存款几乎都是0利率，所以说这也是国际性的趋势。对于我们老百姓来说，一个实际负利率的时代已经到来。那么，究竟什么是实际负利率呢？贝壳姐不说什么晦涩难懂的专业术语，大家只要简单记住一条，实际负利率的意思就是，如果只把钱存在银行里，会发现财富不但没有增加，反而随着物价的上涨缩水了。换个角度说，把钱放银行是跑不赢通胀的，只会“越存越少”。

打个比方，你在银行中存1万块钱，一年后你本息收入是10 175元，物价若维持2.3%的上涨，那么今天1万元可以买到的商品一年后就需要10 230元，你存银行一年净亏55元！一年前的1万元购买力仅相当于一年后的9 945元。这直接导致了你的财富缩水，更别提增值了。有人也许说，这亏的就一点点，无所谓啦，但是别忘记，家里可不止这一万元，而且也不是只存这一年啊，这里面还没有计算通账造成的亏损。

最重要的是，目测这个趋势可能会长期存在。因为钱贬值了，全球都在开动印钞机，印钞又会导致物价上涨。而同时经济还没有表现出增长的迹象，所以放水有可能还会更厉害，起码不会往回抽水。那么存款利率和通胀的倒挂还会越来越严重。我将在之后的文章中继续探讨负利率下普通老百姓如何理财。

那现在再说我们人生理财的第四件大事，那就是要考虑养育孩子的费用。为人父母以后，我才知道养育孩子有多不容易。光算钱的费用，从孩子未出生的准备，到养大孩子、教育孩子，虽然我国实行九年义务教育但是费用依然巨大，我粗略算算，到孩子读完高中，没有20万元是下不来的，这里面还不算带孩子报辅导班、兴趣班、玩游乐场、开阔眼界旅游的费用。如果将来还要送他/她出国留学，没有一百万的资金准备，心里会不安的，这么一加，最起码就是120万元，各位，看到这里有点心慌慌了吧。贝壳姐还没提到以后孩子找工作、结婚买房的费用呢!

第五，辛苦一辈子，我们不得不考虑一下老年生活的品质。现在的老年人多半经历过上山下乡、自然灾害、国家改革、下岗。有孝心、有能力的贝壳们应该从现在开始，努力挣钱，既要提高父母的晚年生活品质，也要为自己未来的晚年生活谋划。

第六，不要忽视复利的作用。我在前面的文章中也说过复利这件事，我们如果不能把握投资的方向、未来的趋势，那我们一定要把握住复利的作用，因为它待众生平等，无须拼爹。

记账时你最可能会忽略的5个点

理财最重要的一点就是开源节流——增加收入、节省开支。如果挣得多，花得更多，那就谈不上储蓄。我们先来说说节流，贝壳姐以前和大家说过,理财就应先从坚持记账开始，每月总结自己的收支状况,这样会避免自己成为“月光族”，还能合理规划自己有限的财富。所以，理财规划开始于日常记账。

那记账有什么用呢？

作用一：掌握个人或家庭收支情况。简单地说就是记录挣了多少钱、从哪里挣的，比如你的工资、兼职收入、房租收入，还有股票基金等投资收入，花了多少钱，为谁花了，花哪去了，是购物旅游还是人情往来，看病等等。

作用二：通过收支分析和具体细项的支出评估个人的消费行为。平日在哪些方面支出较多，有哪些是固定的支出，有哪些是弹性浮动的支出。同时避免盲目和冲动消费，减少购买一段时间后就会弃之不用的东西（譬如健身房的年卡），减少购物网站的浏览量，当然也不要影响生活质量。

作用三：形成自己的财务大数据，逐步培养理财意识。记录的时间久了，便能形成每月、每季、每年的收支报表，像月收支差、年度总收入、年度总消费、各大项各类别的支出统计。这些数字会对你产生潜移默化的影响，让你想去理一理，增加结余。

作用四：记录你的生活。从你的财务支出报表中也能反映个人或家庭的日常生活和兴趣点。对单身狗或年轻小两口来说，免不了亲朋同事结婚方面的人情往来，账本也可以当成一个备忘录，到了还礼的时候不至于遗忘。

作用五：帮助你理性地认识自己的财务状况。当我们想投资理财时，理性地分析自己能承担怎样的风险，有多少可用的备用金，是稳健型还是偏激型的投资者，从而更好地选择适合自己的理财项目或产品。

一直以来，我都习惯用纸质的手账本，现在有很多类似的记账软件，功能强大，界面简洁，大部分可跨平台同步的，也支持其他记账平台的数据导入（包括支付宝和部分银行的数据导入），不用担心单机记账软件或Excel记账数据丢失的风险。用户使用比较多的软件如随手记和挖财，都有网页版和APP的，均可以同步。手机APP还有Time时光记账、Wally等。对于投资P2P的小伙伴，也有雷达记账这种针对P2P投资进行记账的网站。

再分享一下我个人使用记账软件的一些心得：

（1）坚持记账，及时连续、金额类别尽量准确，有智能手机的尽量用软件记录，操作步骤很简单，回来连下WIFI同步数据就可以了。

（2）制定每月支出的预算，可根据现实情况上下浮动，分析每月支出的具体去向，哪些是固定支出，哪些是弹性支出。

（3）根据实际执行情况分析与预算方案的出入，通过优化预算与改变消费行为尽量达成二者统一。

（4）设立每月结余目标。主动控制和保持每月的结余率（月结余率=每月结余/每月收入），健康的月结余率应保持在25%~35%之间。为什么要保持这样的月结余率呢？这里面有两方面的原因考虑：一是这样能有助于建立家庭紧急备用金，万一有个突发事件，身边总要有点钱比较好，不至于措手不及；二是这样就能强制储蓄，如果没有突发状况，这笔钱就能

顺利地转为储蓄，积少成多，到年底就是一笔不菲的资金。比如工资6 000元一个月的朋友，平均每个月结余1 500元是比较合理的。如果当月有临时性开销，那下一个月就多结余一点，这样一年下来约为18 000元，那这对小家庭来说，已经可以在年底时为改善生活而添置大件或继续存款啦！

（5）记账软件中账户的设置：以我个人的经验，只设置使用一个账户即可。现在记账软件都可以设置很多账户，比如现金账户、储蓄卡账户、信用卡账户、投资账户等。保留一个现金账户即可，所有的收入支出都以这个账户为主，因为设置多个虽能反映实际的账户状况，但内部转来转去就多一些操作，而如果哪天取钱转账忘了记，就容易平不了账。

但是，大家不要为了记账而记账，想花的钱还是花，我们的最终目的是通过记账培养理财意识，建立预算，对个人支出好好筹划，合理花钱，对资金进行更好地配置和管理，使每月能用来投资的钱渐渐稳定，这样才能更快地实现理财目标。

月光党必看！2种简单易行的强制储蓄法

只要是人，都会有消费的需求和购物的欲望，但为什么有的人会不顾一切地买买买，成了月光族，有的人却会精打细算，不仅有节余，生活过得还很乐呵？不同的结果取决于每个人的自制力。月光族们就经常问我，我该怎么不让自己买买买呢？

贝壳姐给大家出几招。

第一招：空闲时间尽量不要买买买。很多人发生消费行为，通常并不是自己真正需要这件物品，而是因为太无聊，在逛街或逛淘宝的时候发生了消费。如果你的空余时间比较多，建议尽量减少购物时间。大家如果想学投资理财正好找一些投资理财的书看看，可以去当地图书馆免费办一张借书卡。这样既能让自己有很多实在的收获，还能打发时间不去购物。贝壳姐双休日经常会去图书馆，每次去图书馆，自习室里都是满满的奋斗青年，大家完全可以在这个氛围中激励自己不断努力。

第二招：超出自己经济收入水平的东西一定不要买，特别是一些不必要的奢侈品。有粉丝问："月入5 000元，有资格买奢侈

品吗?”这个问题得这样考虑，资格当然是有的，但关键是这件奢侈品对你来说真的是非常重要而且必要吗？如果是这样，就咬牙去买，人来世上走一遭，也不必过于委屈自己，一下子没那么多钱，可以用信用卡然后分期付款，这样能解决你因为一次性购买而导致整个月喝西北风的问题。但贝壳姐也要提醒大家，妹子们实在忍不住也只能放纵自己一次，如果不是特别重要，尤其不是特别必要，只是为了满足小小的虚荣心，那还是忍忍吧！毕竟一个人打扮得再光鲜亮丽，别人看你30秒的外表以后，更多的时间是看你的内在。

第三招：避免冲动购物，包括两个方面。第一，出门购物前，

先想好要买什么，做好购物计划，计划外的东西一律不买。尤其商场或网上正在促销打折的商品是你计划外的，有的人一心动，冲动之下就买了。我们不要做见啥买啥，没有态度的“剁手族”。一切按计划来，便不会发生这样的情况：买单时发现购物筐里怎么有这么多计划外的东西，明明只是去打个酱油，结果出商场钱包被“打劫”了好几百。第二，不买长期不用的东西。有的小伙伴看到促销打折会买自己长期用不到的东西，美名其曰囤货。我们买回家一堆长期不用的东西，不仅占地方还浪费时间。我有个闺蜜很喜欢在打折促销时囤积面巾纸，最后居然囤了一年的量，堆满了整个小房间。按2万元/平方米来算闺蜜的房子，这小房间至少有4平方米，那就等于拿价值8万元的屋子去囤了一堆面巾纸。后来在我的旁敲侧击之下，闺蜜终于觉悟，不再囤纸，把房间做其他用处，总算是让它发挥了更大的价值。

第四招：可买可不买的东西坚决不买。这条很好理解。比如大家买衣服，有的衣服不是你心里想要的那个，但觉得穿上也还行，这种状况，贝壳姐劝大家赶紧放下走人，不要犹豫。按照经验，大多数让你心里有疑虑的衣服，买回来通常都是顶多穿一次或长久压箱底的。这就跟相亲谈对象一样，如果一开始就觉得这个人某个点让自己感觉不太舒服，那就赶紧撤，找一个能让自己完全看顺眼的人处对象。因为两个人在一起生

精彩音频　即扫即听

活，只会让缺点越来越放大，如果你想着时间久了你就能把对方的缺点改掉，这种事基本不太可能。

有了上面四招，相信大家都能在消费面前慢慢自律起来。另外，在进行必需品采购时，大家也要注意避免商家的消费主义陷阱，尤其是食品类的促销活动。比如牛奶类的买一箱送一箱，通常都是已经快到保质期的，还有面包蛋糕类的搭售也是一样。购买时一定要算好家里的需求量是多少，不要贪便宜冲动之下就买了，买回家吃不掉，就会造成新的浪费。商家会在各种节假日举行满减促销活动，很多人为了凑这个满多少的额度去买更多的东西，商家就达到了促销的目的。我们最好不要因为凑单加大消费，去破坏原本的采购计划，真的要凑单，最好拉上朋友一起，两三个人把必需品一买就够了，既能享受满减优惠还能保住自己的腰包。

大家在写采购计划时，为了看起来更明晰，可以用分类列举的方法做每月的采购计划。先列举家庭成员，然后按照必需品、非必需品两大类细分，写上每一位家庭成员本月的采购清单，最后还要有一栏记录家庭生活中需要集体购买的大件，比如彩电、冰箱等家用电器，或者有关吃穿住行的其他快消品。我们的计划越详细越好，最好有计划购买的数量、品牌、大概价格等，这样你就能提前知道本月采购大概要花多少钱，如果超支了，就删减非必需品一栏的内容，或挪一部分到下个月再采购；再超支，还可以把必需品那栏再检查一下，看看什么不着急买，或者在想买的品牌商品上，考虑替换一个性价比相对更高的品牌；还要多注意比价，同一个区域里的不同商场为了互相竞争，很多商品都会有价格差异。

在这里要强调一点，大家已然开始学习理财投资，就一定要让自己坚持遵守理财计划，开支预算的采购计划不把控住，那购物就会成为你破财的无底洞。坚持2个月，你会发现你形成了一个良好的采购习惯，当然更省下不少钱。

有粉丝问我："每月只剩200元，也要存钱吗？"

咱们一定不要因为钱少而放弃理财、放弃存钱，如果你连这200元也花了，那不就真的成月光了吗？如果你能坚持存钱下来，比如第一个月存200元，第二月努力存300元试试，那一年下来，好歹也有几千块，日积月累，这对年轻人来说也是一笔可观的小财富。

给大家推荐两种存钱方法：

第一种是很多朋友都知道的365天存钱法。这是擅长精打细算的日本主妇发明的存钱法。一年有365天，每天从1～365的数字里框选出一个喜欢的数字来决定我们所存的金额，今天1元，明天22元等等，这样算下来，一年可以存下6万多元。

这个存钱法比较适用于收入非常稳定，消费不稳定的人群。

第二种叫52周阶梯式存钱法，这个攒钱大法已经风靡全世界。它是按照等差的方式，每周比上周多存一定数额的钱，比如第1周存10元，第2周20元，第3周30元……以此类推，第52周存520元。这样一年下来，即使起始金额只有10元，到年底总额竟然也达到了13 780元。积少成多，是不是也很振奋人心呢？

这个存钱方法更加适用于收入稳步增长的人群。

这两个方法对于月光族、剁手族来说是很好的强制储蓄方法，我们可以把每次存的钱当成给自己的奖励，自己给自己发钱，这样内心的满足感和自我肯定会越来越大。

贝壳姐参加工作第一个月也就存了几百块钱，但我从没放弃，坚持存，从几百到几千再到几万，小水滴汇集起来，也能成江河湖海。

用好信用卡建立你的社会信用

2017年2月，有一件事件闹得沸沸扬扬——前香港特首被判公职人员行为失当罪，被判刑囚20个月。我们看他的主要罪名中还有这么一条，为了赚取信用卡积分，他在外访期间不走规定流程，而一定坚持用自己的私人信用卡刷账赚积分。

从这件事情上我们看出两点，一是香港的执法确实管得很严，二是对于理财来说，信用卡是个不可或缺的存在。很多朋友也有信用卡，但大家是否真的了解信用卡，该怎样用信用卡建立我们个人的良好社会信用呢？

这里，我们先说下信用卡的功能。

第一，利用信用卡账单是非常便利的财务管理方式，信用卡和支付宝、微信结合之后，基本上一个月的消费账单全在上面，一目了然。习惯使用信用卡的小伙伴，把信用卡加入你的记账软件中，可以大大节省你记录账单所花费的时间。每月进行上月账单总结时，也要多注意自己是否用信用卡进行了冲动消费，并做分析和总结，慢慢养成刷信用卡时，不为了刷卡的一时痛快而浪费不该花的

钱的习惯。

第二，在消费时进行刷卡一次性支付。过去我们买东西，要带上足够多的现金，既麻烦又不安全。比如，外出购物要随身揣着一沓钱；网上购物得先把足够多的钱存入储蓄卡里；出国时要先兑换大笔外汇……而有了信用卡，我们就可以在全球近300个国家和地区带有VISA、MASTER CARD、JCB、中国银联等标识的特约商户直接刷卡消费支付，也可以网上支付。根据我的经验，在国外消费，能用银联通道的，尽量不要用VISA等通道，因为用人民币去还外币的账单，银联通道费用最便宜。所以在办信用卡时，你要看好，卡的右下角是银联标志，还是VISA标志，还是两个都有。

第三，当我们有紧急的现金需求时，可以在银行网点柜面、境内外ATM机上使用信用卡预借现金，也就是取现，从容解决日常紧急、小额、短期的现金需求。这种方式大家最好只在紧急的时候使用，因为很多卡预借现金是需要手续费的，每家银行的手续费不同。

第四，信用卡能够使用循环信用。简单地说，就是明天的钱今天花，不需要在卡里预先存款，可以先消费后还款。但我们一定要注意每张信用卡的还款日期，必须要在这个日期前把本期的账单费用还上。有小伙伴问，万一忘记了怎么办？如果害怕自己会忘记，就在办卡时开通短信提醒功能，那样每月在还款日期到来的前几天银行会自动短信提醒你还款金额和日期，你收到短信就立即还款。有的人说，我干脆不用信用卡了，反正都是花自己的钱。贝壳姐告诉大家，如果你有钱，那你一定要尽量多用信用卡，因为你不怕没钱还，这样你能在银行积累起你良好的信贷记录。你所有的记录都会体现在中国人民银行的个人征信报告里，这份报告，大家可以自己登陆到中国人民银行征信中心的个人信用信息服务平台的官方网站进行查询。以后你贷款买房买车，银行都会根据你的信用情况来发放贷款和给予借贷利率优惠。相对于从来没有信用卡使用记录的客户，银行更希望发放贷款给有良好信用卡使用记录的人，因为这说明你能遵守合同约定、履约守信，有足够的经济偿还能力。

精彩音频　即扫即听

第五，和蚂蚁花呗一样，信用卡有分期付款功能。当我们遇到大件消费时，或者一段时间里刷卡比较多的时候，可以申请账单分期、现金分期、购车分期等各种分期付款服务。通过消费信贷，减少一次性还款压力。但在分期付款之前，你一定要知道这里面可能会有两笔费用，一是办理分期付款的手续费，二是分期付款的借贷利息。每家银行都不一样，大家在使用这个功能前需进行比较。

该怎样巧用活用信用卡得到各种消费实惠，是我们老百姓不可忽视的生活小窍门。贝壳姐就抛砖引玉，介绍两种方法。

方法一：巧用信用卡的积分。虽说刷卡花的是自己的钱，可是银行给你的信用卡积分却是实实在在的。经常坐飞机的朋友，可以办一张和航空公司联名的信用卡，积分用来兑换航空里程，

那机票钱就省了，还能免费享受VIP贵宾通道；如果是开车的朋友，可以办一张汽车信用卡，很多银行都有，积分可以用来抵扣汽车加油的钱，有的卡还附赠免费洗车、24小时道路救援等。更多的情况是，所有银行都有信用卡商城，积分可以用来兑换商城里的各种商品。贝壳姐就兑换过不少，根据我的经验，银行信用卡商城里的东西品质还是有保证的，退换货也还算方便，如果积分不够，可以用积分和部分现金的形式购买。

方法二：巧用信用卡的各种附属功能。现在的银行为了吸引大家办卡用卡，都有很多附属功能，如果正好能用得着，那就是挺实惠的选择。比如有和超市联名的信用卡，固定日期在超市购物刷这张卡有返现优惠。还有很多的信用卡拥有10元看电影，餐饮打五折，旅行、订酒店打折或特价等功能，这些都是很实用的。

我身边就有一个用卡高手，他正在谈恋爱，经常得带妹子出去吃饭，可年轻人收入有限，既要省钱又要哄妹子开心，这可怎么办呢？他就用的这一招：一星期和妹子见面两次，出去吃2顿饭，他把这两次时间固定在每周三和每周五。周三晚上吃饭用招行信用卡，因为招行是周三餐饮五折。周五晚上吃饭用广发信用卡，因为广发卡是周五餐饮五折。这样等于他花了一顿饭的钱请妹子吃了两顿，吃完再用62开头的银联标志信用卡10元看电影。对了，出去停车用建行汽车卡可以免费在相关的商业广场免费停车。贝壳姐把省钱追妹子的方法透露给你们啦，男生们想想是不是可以省好多钱？妹子们也可以通过这样的省钱小技巧，和闺蜜一起愉快地聚会啦！

大家在用好信用卡的同时，一定要注意用卡风险，一定要时刻记住要有风险意识，主要有两点：

第一，用卡安全，信用卡密码一定不要随便告诉别人，避免卡被盗刷。一定要开通手机关联和短信提醒功能，这样一旦卡被盗刷或被修改密码就会第一时间知道，一旦信用卡遗失，一定要第一时间电话通知银行挂失。

第二，一定要按时还款，不要超过到期还款日。到期还款日，就是免息还款期限的最后一天。从银行记帐日起到期还款日之间的日期为免息还款期。免息还款期最短20天，最长50天。当期对帐单上的本期应还金额，大家只要在此期间全额还清，就不用支

付任何利息。

一般信用卡在还款日后有2～3天宽限期,在宽限期内还款被算作按时还款。如果超出宽限期还款，就是逾期了：银行会按0.05%的利率从消费日开始计算利息，另外还要收取滞纳金。现在有的银行也悄悄更改了宽限期，3天变成1天，大家可以去查查你的信用卡所属的银行究竟有几天宽限期，以免造成自己的金钱和信用的损失。

按银行规定，如果我们在到期还款日时，实际还款额比最低还款额少，那最低还款额未还部分要支付滞纳金，具体比例为最低还款额未还部分的5%，这个费用是一次性收取的，人民币帐户最低收取人民币10元，美元帐户最低收取1美元。比如小刘刷卡花了1.5万元，他的当期最低还款额为1 500元，如果在到期还款日小刘只向银行还了500元，那么银行将对低于最低还款额的部分：1 500元－500元=1 000元收取滞纳金，收取滞纳金的金额为：1 000元×5%=50元。

各银行对自动还款划账时间标准不一，有的是最后还款日当日下午5时之前，也有的银行甚至提前了2～3天。如果信用卡自动还款的关联账户现金不够，即使只差1分钱也不会扣款，却有可能会影响信用记录，也会产生罚息或滞纳金。

另外，用信用卡提取现金是没有免息还款期的，从提取现金当日开始计算利息，而且是复利。

有朋友问：用信用卡分期付款划不划算？答案是不划算。原因贝壳姐只说一点：利率。我们常看到信用卡“申请分期还款，手续费率低至0.7%”的宣传。很多人以为年利率也就是0.7%×12=8.4%。其实，据测算，0.7%月费率折合的年利率高达13%～16%，是同期贷款利率的3.7倍，而且时间越长成本越高。

还有朋友问：如果我信用卡逾期不还，这会对我买房贷款有影响吗？答案是当然有影响。信用卡逾期不还将带来很多不良后果，不仅要支付逾期利息、滞纳金、超限费，还会产生不良信用记录。如果持卡人或借款人有恶意拖欠钱款、透支不还、还款记录不良等行为，将会被记录在数据库中。当这个人想进行贷款买房买车，或办理其他信用卡时，很有可能会被各家银行作为“污点分子”而集体拒绝贷款。

合理使用信用卡最重要的就是掌握借贷和还款的周期性。

要和有信用的人做朋友

如今,在有些城市,人们可以用自己的“芝麻信用”在公共场所免费临时借雨伞、充电宝之类，但是要求信用分在600分之上。最早知道这个信息的时候，我赶紧去查自己的芝麻信用，查完开心了，发现上面显示：信用极好774分。然后我开始想，“信用”在当今的这个社会里越来越重要了，所以我想很有必要写这样一篇文章，提醒年轻的贝壳粉丝们，注意自己的信用问题。你们看完文章也可以去查查自己的“芝麻信用”，分数超过600分的，欢迎来加我个人微信“cat1868”，我喜欢和有信用的人做朋友!

那也有人说了，我能自己带雨伞、带充电宝，不需要芝麻信用。但是我说，人在江湖，哪能无信？买房子、买车等等，很多事可能有需要问银行贷款的时候，那时候就需要有信用了。那么，贝壳姐简单梳理了一下大家容易发生信用问题的7个方面。

（1）房贷：不管是公积金贷款，还是银行贷款，一定记得按时还。

（2）车贷：这里提醒一下，现在很多银行有汽车分期的业务，如果一旦发生没按时还，那就算事后还上了，后果也很严重。

（3）信用卡：信用卡大家都很熟悉了，但是一旦透支一定要及时足额还款，尽量不要使用“最低还款金额”。

（4）租房：租房肯定免不了交水电煤气，千万不要因为自己要搬走了就不交这个钱了，因为这样欠费的情况也将纳入信用记录的。

（5）各种遗忘的事情：遗失证件或是被别人借用身份证件及其他有效法律证件，办理银行卡业务而产生欠费的。

（6）固定电话欠费：实名制办理中国电信的固定电话，没有注销造成欠费滞纳金的，这种最冤枉了，电信记录也会关联信用记录。

（7）贷款担保族：因贷款人未能及时履行相关的还贷义务的，作为银行抵押贷款的第三方担保者也受其影响。

以上问题只要平时注意了就可以避免信用降低的风险。目前个人信用的信息都是各家金融机构或合作机构整理、提交到人民银行的，不排除存在误差的可能性。如果大家发现信用报告中记录的信息与事实不符，可以向人民银行提出异议处理。具体方法有两种：一种是拨打全国客服电话4008108866；另一种是直接到当地人民银行分支机构现场书面申请。也可以向相关机构申诉，要求其登载“个人说明”。

如果真的已经有了不良记录，那按照规定，报告中已存在的个人不良信用记录，其保存期限为“自不良行为或事件终止之日起5年，超过5年将予以删除”，也就是说会保存5年。

如果近几年有打算贷款买房、买车、创业的童鞋们，千万注意这个问题。目前大多数银行要求贷款人不仅无不良贷款记录，而且贷款人“资信良好”，尤其是信用卡，现在每个人都有很多张信用卡，不要忘记了对使用过的每张卡都进行还款，如果连续3次、累计6次没有按时还款，嘿嘿，那你一定是不受银行欢迎的人了，银行会选择拒绝贷款，或提高你的贷款利率、减少对你的放贷金额。如果真的被银行这样了，生活品质可就会受影响了。

你攒下来的第一个10万元，怎样让它钱生钱

在前文中我们也讲了365天存钱法和52周存钱法，利用这些有效的工具攒下第一笔积蓄，之后的理财最重要的是把握好储蓄规律。更多的小伙伴也许已经有了一个小资金的积累，从几万到几十万不等。假如我们手里有10万元，这笔钱说多不多，也许还不够付房子的首付，说少不少，至少已经够得上理财的门槛，那该怎样合理配置现有的资产呢？

贝壳姐在这里介绍五种方法供大家参考。

方法一：选择高利率的银行存款

不知道大家是否有关注，2016年10月24日，央妈宣布对商业银行、农村合作金融机构、村镇银行、财务公司等金融机构不再设置存款利率浮动上限，那意味着每家银行可以自己设定利率。事实上从2016年开始，每个银行的利率就不相同了。如果你喜欢存款，何不选择一个利率相对高点的银行去存款呢？国内的银行分为国有四大行、股份制商业银行、城市商业银行这三类，其中国有四大行比较牛气，存款利率最低；股份制商业银行的存款

利率整体上要高于国有四大行，但存款利率上浮力度较以前缩小；城市商业银行属于区域银行，由于其网点数量较少，而且分布不均，所以提高存款利率以吸收银行的存款数量是他们的一贯做法，因此其利率上浮往往比较大。比如贝壳姐所在的城市宁波，宁波银行的存款利率、理财产品的利率都还是相对高于其他银行的，所以大家存款没必要只盯着大银行，可以挑一些城市商业银行或者中小型银行，这些银行利率上浮力度相对大些。

精彩音频　即扫即听

方法二：选择混合型基金定投

这里我特别写明了适合定投的基金类型。大家都知道货币型基金、债券型基金一般收益都比较小但比较固定，而我们做基金定投的目的是希望在基金净值比较小的时候分次投入，以获取基金净值逐渐变大的高收益，所以贝壳姐推荐大家选择混合型基金定投，而不是纯股票型基金去定投。为什么呢？因为纯股票型基金风险最高，那如果这10万元是你唯一拥有的财富，万一亏损这影响就太大了，而且现在股市长期处于波动中。在这样的情况下，我们选择混合型基金来投入就相对风险低，收益却会比单纯投货币基金要高很多。什么叫混合型基金呢？混合型基金是指投资于股票、债券以及货币市场工具的基金，会同时使用激进和保守的投资策略，其回报和风险要低于股票型基金，高于债券和货币市场基金，是一种风险适中的理财产品。大家可以采取每周定投的方法。

方法三：货币基金

平时的零花钱、家庭备用金，比如这10万元做个本金安全而取现灵活的投资，那就可以选择货币基金，它主要投资于短期货币工具，如国债、央行票据、商业票据、银行定期存单、政府短期债券、企业债券（信用等级较高）、同业存款等。货币基金的优点是本金安全，几乎没风险，资金流动性强，适合用于投资大家平时的生活备用金或零花钱，一般一两天资金就可以赎回到帐，而且买卖货币一般都免收手续费，认购费、申购费、赎回费都为0，收益天天计算，每天都有利息收入，享受的是复利，这总比钱放在银行活期帐户里躺着要好很多。月光族可以把每个月的钱，拿到手以后先投一部分进货币基金里，这样能帮助自己强制储蓄。

方法四：定投银行类蓝筹股

这是一个傻瓜理财的办法，每个月定投最便宜的银行股。建行、工行属于国有四大行，市盈率很低，但股息率却很高。还有重要的一点，这两个银行股，股价很便宜，年轻人完全可以每个月定投一些，就算股市大跌也跌不到哪里去，毕竟已经这么低的股价了，但是这两个银行股每年的分红却比较可观。

方法五：选择购买国债

国债的发行主体是国家，被公认为安全等级最高的投资品种，所以安全性上毋庸置疑。此外，虽然央行不断降息对国债的利率也有影响，但相对于其他理财产品来看，国债利率下降的幅

度不算太大，利率下行中，国债还是挺“抗跌”的。如果央行还要降息的话，买国债就是提前锁定了相对较高的收益，不失为一种明智的选择。不过国债的额度有限，要买到不容易，记得要抢购。

如果有的小伙伴比较懒，那可以把10万元都用来买高利率的银行理财或国债；勤快点儿的，可以买5万元的高利率银行理财，另外5万用于基金定投和银行类股票，既可以考虑每周定投，又可以考虑每月定投。但是，最终还是要看大家自己的风险承受能力和对投资品种的喜好来确定。

归根到底，资产的增值就靠两个方面：一是把手上现有的财产规划利用好，让钱生钱，这需要大家坚持每月行动，坚持享受复利，想一夜暴富是不可能的。另外，有的朋友喜欢投高收益的P2P也就是网上借贷，贝壳姐在此提醒一下，投P2P一定得小心，跑路的机构实在太多了。二是想想有什么方式增加收入，也就是赚外快，有不少粉丝咨询有什么兼职可做。那我给大家提供一个思路，想想自己有什么特长，能画画的可以给别人做艺术类设计，有优势资源的可以考虑兼职卖东西，大学生们可以考虑做家教、兼职KFC打小时工、做超市促销等等。办法总是人想出来的，关键看你愿意不愿意行动。

只有固定工资的你，该怎样确立合理的3年理财目标

每个人都有自己的生活目标，有大目标如万达王健林所说的先赚1个亿，也有小目标，比如开一家自己的小店，和爱人来一场说走就走的旅行等等。我们要实现这些，都需要赚钱，同时在合理合法的范围内，在风险匹配的前提下，尽量追求收益率最大化。如果你认同贝壳姐以上的说法，那就想想，自己想达到什么样的目标？这个目标一定要具体化，只有具体目标才具有可操作性。比如月薪5 000元的小王，给自己定了一个成为亿万富翁的宏伟目标，可这个目标实在太遥远，他就渐渐丧失信心而放弃。而同样月薪5 000元的小张，他只定了一个具体的小目标：三年内攒10万块钱。他平均每月强制储蓄2 800元，三年后不但存了10万元，还因为不断努力学投资理财做兼职，而有3万元多的节余。类似这样的目标，看起来不起眼，可当我们实现它，内心会很有满足感，会有信心进行下一个小目标，当每个小目标得以实现沉淀下来时，我们就能收获属于自己的成功。

很多小伙伴还在一穷二白的阶段，这个阶段我们首要目标是保

证自己的基本生活所需，那么大家制定具体目标时，一定要把自己近三年的财务状况了解清楚，是处于什么阶段，稳定期、上升期还是下降期。比如你在事业单位里稳稳三年，收入几乎固定，这就是稳定期；如果你刚带好孩子，从一个全职妈妈转为职场女性，或者从实习生转为部门中坚力量，那么你的财务状况就处于上升期；如果处于下降期，那这很可能是跳槽不利的空窗期导致的。

大家预计好自己未来三年的财务状况，就能够对应到自己能承受什么样的风险，从而想好用什么样的投资理财工具。贝壳姐在之前内容已经提过这方面的内容，大家只需要把每天每月的账单归纳到以年为计算单位就好。

在三年的理财目标实施过程中，大家一定要合理利用好银行贷款、公积金和社保。因为这三样是我们为数不多能轻松使用，增加自己的资金杠杆，而且不用去求别人借钱欠人情的财务工具。其实再好的亲戚朋友关系，你要开口问人借钱，这本身就是一件很难的事情。就算对方好不容易答应，你不仅欠了人情，也是一样要给对方利息的；万一对方不答应，那你觉得还特别丢脸，甚至可能影响彼此感情。老话说“谈钱伤感情”，就是这个理儿。

社保大家都了解，现在的社保卡具备了部分银行卡的功能，大家可以用社保卡去医院挂号看病买药，甚至还有取现、借书、健身、公交卡等功能，每个城市都不相同，大家可以去网上查询或咨询当地社保局，这里就不多说了。

再说银行贷款，我们完全可以光明正大地问银行借钱，只要我们有正当收入来源或社保记录。有正当理由，问银行借钱真的不是什么难事，贷款金额以个人信用及还款能力为基础，一般是1万元～10万元不等，最多能向银行信用贷款50万元。名下有房产的可以增加额度，无非就是要填填资料，这样我们就不用担心面子问题、感情问题了。所以说，能问银行借钱，就不要向周围的人开口了。怎样进行银行贷款？大家可以直接到银行个人理财部咨询，也可以打银行的全国客服热线咨询。央行有统一的基准利率表，各银行在这个基础上有权利上下浮动，以银行实际公布为准。

精彩音频　即扫即听

最后说一说公积金。除了政府机关单位五险一金是必备，很多小私企拒绝缴纳公积金，大家参加工作一定要注意，最好让单位给缴纳公积金，原因有3点。

第一点，公积金缴纳部分是可以扣除免交个人所得税额度的，就是免税。

第二点，只要你有缴纳公积金，买房子就可用公积金贷款，利息最便宜，比商业贷款的利率低不少。如果公积金贷款金额不够，大家再叠 加商业贷款即可。

第三点，只要单位每月按时在为你缴纳住房公积金，那么，当你办理首套房按揭贷款的时候，你就能每年向住房公积金拿房

贷补贴，上限是你当年应交纳的住房贷款总额。全国各地的公积金贷款和提取政策都不一样，有些城市的住房公积金还可以用于装修款支付、房租支付等，所以具体政策最好要提前问清楚当地的公积金中心。

如果你还在迷茫期，还没树立目标，贝壳姐希望你看完这一篇，会对未来生活有更清晰的奋斗方向，给自己制定一个小目标，财富自由就从一个小目标开始。

03 第 3 篇 理财工具篇

保险这样买

避免因病面临财务困境——重疾险，你买对了吗

我们打开电视机、登录微博、点开微信朋友圈……总会看到有人患了某种大病没钱医治，因此做众筹希望社会上的好心人伸出援手，只要人人都献出一份爱，世界将变成美好的人间。尤其是朋友圈转发的那些没钱治病的主儿，往往就是同学朋友的亲人，很多人实在不忍心见死不救。我也老看到用“轻松筹”等各种平台来筹集重病医疗费的故事，刚开始还挺认真地阅读里面的故事，也伸出了援助之手，可是当这种事情几乎每天都发生时，实在是让我感到有些困惑——这样下去，根本就不是解决问题的办法。那么，问题到底出在哪里呢？我们年轻时，有了社保，是否还需要一份商业保

险？如果买保险，一定需要买重疾险吗？重疾险的保额最低多少才合适？

世界卫生组织曾在2014年发布《全球癌症报告2014》中指出，"全球面临癌症大暴发，中国发病率第一"，其中肺癌发病率、死亡率排第一位，1/3在中国，而乳腺癌成全球女性最高发癌病症。这些鲜活的数据说明，癌症离我们普通人的生活并不遥远。特别是年轻人，近年来身患重大疾病的年轻人在比例上有所提高，很大一部分原因是跟许多年轻人生活饮食作息不规律有关。

我们每个人都该为自己的生命负责，都应该在青壮年时，趁自己能多挣几个钱的时候，及时为自己和家人，购买足额的重大疾病医疗保险以及意外伤害医疗保险，将自己的财务风险转嫁一部分给保险公司。这样一来，万一自己或者家人患了重病，或者遭遇意外事故伤害突然需要大笔医疗费的时候，保险公司就会来承担这笔钱，我们不但减轻了自己的经济负担，而且不必向人伸手，因此也减轻了自己亲朋好友的潜在经济负担。

说到这里，有的人会嘀咕了："我们年轻人收入不高，平时开销都很紧张，哪里有钱购买重疾保险？"但是大家想想，在大多数情况下，很多年轻人是真的从来一点钱都没有吗？当然不是。只不过是大家不重视金融产品、对财务风险意识淡薄而已。现在很多年轻的朋友宁可买奢侈品、享受旅行，

精彩音频　即扫即听

甚至和朋友聚会都能花很多钱，但一谈到购买保险，就开始舍不得了。其实年轻人购买重疾保险费用是比较低的，因为本身有医保，因此每年只需要一到三千元买个重疾险，保重大疾病总额二三十万元已经基本足够。万一得了重病，基本不需要向亲友伸手借钱，因为我们提前做好了转嫁财务风险的工作。

下面是科普时间：

重疾险到底是什么？它全称是重大疾病保险，是指由保险公司经办的以特定重大疾病，如恶性肿瘤、心肌梗死、脑溢血等为保险对象，当被保人患有上述疾病时，由保险公司对所花医疗费用给予适当补偿的商业保险行为。

重疾险于1983年在南非问世，是由外科医生马里优斯·巴纳德最先提出这一产品创意的。他的哥哥克里斯汀·巴纳德是世界上首位成功实施了心脏移植手术的医生。马里优斯医生发现，在实施了心脏移植手术后，部分患者及其家庭的财务状况已经陷入困境，无法维持后续康复治疗。为了缓解被保险人一旦患上重大疾病或实施重大手术后所承受的经济压力，他和南非一家保险公司合作开发了重疾险。我国内地市场在1995年引入了重疾险，现已发展为人身保险市场上重要的保障型产品。

重疾险所保障的“重大疾病”通常具有以下三个基本特征：一是“病情严重”，会在较长一段时间内严重影响到患者及其家庭的正常工作与生活；二是“治疗花费巨大”，此类疾病需要进行较为复杂的药物或手术治疗，需要支付昂贵的医疗费用；三是不易

治愈，会持续较长一段时间，甚至是永久性的。一般来说，重疾险给付的保险金主要有两方面的用途：一方面为被保险人支付因为疾病、疾病状态或手术治疗所花费的高额医疗费用；另一方面为被保险人患病后提供经济保障，尽可能减轻被保险人家庭的经济负担。

了解了重疾险的基本信息后，那我们买多少保额合适呢？贝壳姐查了很多资料，综合下来，我认为随着医疗花费的逐渐增高，年轻人重疾险的保额在30万元左右比较合适，可以起到一个基本的保障作用。这个保额，缴费不会很高，保障也基本够用，性价比最高。而且，我们年轻时购买保额较低的重疾险产品，随着年龄的增加，经济实力的增长，如果认为保额太低，以后还可以再增加重疾险的份数来增加总保额。

那肯定还有小伙伴问："我已经有医保了，还需要重疾险吗？"贝壳姐要强调的是，重疾险和社保是不冲突的。医保只能起到基本保障，看看小病没问题，但是一旦有重大疾病是远远不够的，尤其是好多昂贵的检查、进口药等医保是不承担的，而这些往往是救命的。那如果有重疾险就可以解决这些费用。所以说重疾险是医保的有效补充。而且不少保险公司和大型医院都有合作，如果不幸患病，保险公司可以提供预约专家门诊的渠道，这也能缓解看病难的问题。

贝壳姐希望带大家逐步去了解商业保险的重要性。经济实力实在有限的朋友，可以考虑每年花几百元购买一个类似于医疗住院险的消费型保单，虽然没有本金返还，但价格便宜，保额却可以最高达到300万元，并且可以全部报销医疗费用。这样的保险我认为还是值得购买的。

给自己买保险，8个问题帮你决策

有不少小伙伴对买重疾险已经形成了高度统一的思想共识，但仍有很多小伙伴还比较迷茫，保险公司那么多，产品花样那么多，到底该怎么选择呢？本文我们来聊聊该如何选择重疾险这个事儿。

我们成人在购买重疾险时，主要考虑8个方面的问题：

第一，投保病种的问题。现在各大保险公司的重疾险可谓是花样繁多，各个都拿自己保险产品投保范围广泛、保障病种多来吸引大家的眼球，但实际上，保障病种数量多不一定有用，但费用一定会提高。中国保险行业协会在《重大疾病保险的疾病定义使用规范》中对25种疾病的表述进行了统一，基本涵盖了重大疾病的所需。贝壳姐在这里重点说一下最要紧的“恶性肿瘤”。这个重疾里面有六种是国家规定不在保障范围内，如果要投保这六种重疾就要自己特别注意保险公司的险种，这六种重疾是：（1）原位癌；（2）相当于Binet 分期方案A 期程度的慢性淋巴细胞白血病；（3）相当于Ann Arbor 分期方案I 期程度的何杰金氏病；（4）皮肤癌（不包括恶性黑色素瘤及已发生转移的皮肤癌）；（5）TNM分期为T1N0M0期或更轻分期的前列腺癌；（6）感染艾滋病病毒或患艾滋病期间所患恶性肿瘤。

这六种疾病不太好理解，大家想知道详细信息可以去网上搜索相关资料。我们要注意的是，没有特别约定，有这六种重疾保险公司是不赔付的，所以如果你对这六种重疾特别在意，那就要签定额外的附加保险合同，如原位癌的防癌险。简而言之，一般来说，普通人用这个《重大疾病保险的疾病定义使用规范》中的25种重疾种类做为保障病种也就足够了，这是最基础版的保障。

第二，保障年限的问题。重疾险分为定期重疾险和终身重疾险两种。定期重疾险有一定的保障期限，一般到60周岁、70周岁或者80周岁时保障就会终止，但投保人如果在保险有效期内未发

生任何重大疾病，保险公司会以一定保费的形式或既定金额返还保险金。大家注意，2017年4月1号以后保险条款进行了调整，如果要买定期重疾险的，就需要事先了解相关新政策。

如果是终身重疾险，保障期限则为终身，保险有效期直到身故为止，不受年龄限制。听完这个概念，大家应该会明白，选择不同的保障年限，当然每年所交的保费是不同的。因此对于哪种保障年限最好这个问题，答案是因人而异的。贝壳姐觉得，刚参加工作的贝壳粉们如果收入较低，可以选择定期的重疾险，如果一直无病，等到退休的时候这笔钱返还回来就是一笔不菲的养老金。如果自己的保费预算还比较充裕，或者年龄已经超过35岁，那么也可以选择保障至终身的重疾险产品。一旦患了重病，就可以获得保险金赔付的支持；若一直非常健康没有得病，那么等到去世后，其家属可以获得一笔身故保险金。这里要注意，通常年纪上了60岁以后就无法投保重疾险了，所以应该趁年轻买个长期或终身的保险产品。

第三，总保额的问题。其实这问题也很难有标准答案，有钱当然是保额越高越好，可以避税，还可以进行资产转移。但是我们普通老百姓可得好好想想。我们具体的保额计算要考虑3个方面的因素：如果大家都有基础社保的话，首先，要考虑的是患病时自付医疗费要准备多少，毕竟某些进口药物或是特效药物都不在医保的范围内。从目前的医疗情况看，一般需要20万～30万元；其次，治疗结束后，需要一笔病人出院后的康复费、营养费以及后续治疗费，大概需要数万甚至数十万元；再次，要考虑生病后可能有3～5年无法正常工作导致收入损失。所以要维持家庭原来的生活水平，重大疾病保险金额起码要达到50万元及以上。有些贝壳问："保费50万元的话，每年要交的钱好多，那怎么办？"解决方法有两个，要么去努力赚钱，要么就降低总保额，可以选择20万～30万元的保额，至少维持一个最基础版本的重疾保障。

第四，缴费年限的问题。对于重疾类产品，保费的缴费方式有分期缴纳和一次性缴纳两种，有些人觉得我现在不缺钱，一次性缴清省事，省得以后每次被催缴。但是站在经济的角度看，交费时间越长越好，能分期就分期，最理想的情况是跟保障期一致。道理很简单，人随着年龄的增长患病率会大大增加，若在出险时保费还没交完，被保人就获得了赔偿，那不是真正的以小博大了吗？人的一生不知何时生病，如果不幸生病，在交费期内利用保险公司的豁免条款，就可以免交以后各期保费。所谓豁免条款，就是被保险人在保单合同期内正常缴费的情况下患了重疾，后续每期保费豁免缴纳，保单依然有效。

第五，重疾险的种类选择问题。这个问题分为两个方面。

第一个是选消费型好呢，还是选定期返还型？从解决问题的角度都没有大的区别，都是患了重疾，得到一大笔理赔。区别就是消费型的交纳保费便宜，但没有后续的本金返还，定期返还型是到了保险期限如果一切平安会返还本金。这相当于你付出多

少得多少吧，也没什么可说的，但是关键点在于消费型保险往往有固定的保障期限，过了保障期限后，我们就不再拥有重疾保障了。到时候我们年龄大了，得重疾的可能性更高，而保险公司却不愿意承保了。所以在这里向大家强烈建议，应该买定期缴费型的重疾型保险。

第二个是现在不少重疾险是与分红险相结合的，是选择纯保障的还是选择带分红功能的呢？其实分红只是保障性保险理财功能的一种延伸，跟保障本身没有关系。重大疾病分红险的保费相对要稍高一些，所以不太适合低收入的人群购买。而越是收入低的人越需要保险，保险对于这部分人群而言是保命的钱，所以投保应当尽可能选择不分红的产品，以达到花最少的钱，获得最高保障的目的。

第六，投保时间的问题。这个问题贝壳姐可以给一个肯定的回答：越早买越好。由于保费支出与投保年龄是成正比的，保障责任相同情况下，年龄越大，保费越高，所以应该尽早购买保险。一般来说，20～35周岁是购买重疾险的最佳时期，每晚一年，你的保费就要增加，这增加的金额就不是一点点了哦！有些人还想等年老的时候再买重疾险，那你必须了解，保险公司一般不接受65岁以上的投保人。当然现在也出台了一些专门针对老年人的产品，但从保费方面计算，老年投保人的保费较高，因此还是越早投保越划算。

第七，选择保险公司和保险代理人的问题。许多公司产品大同小异，这里我沿用保险业流行的“六看原则”来回答，这六个原则如下：

一看保险公司实力，是不是业内排名靠前的有实力的公司；二看产品细节，是否有区别于其他保险公司的优势；三看服务能力，看保险公司合作医疗机构的数量、区域是否广泛、有没有特别医疗服务比如绿色通道、专家挂号；四看理赔质量，有情况了赔偿是否快捷、赔偿金额是否到位；五看代理人的素质，向保险代理人购买保险的同时，要注意他是否能够说明白合同要义，还要估量他能否提供后续理赔方面的协助；六看分支机构是否健全，当然要当地有这个保险公司的分支机构才比较方便。

第八，选择附加险的问题。保险产品一般分为主险、附加险。重疾险做为主险的时候，大家不要忘记了同时购买附加险，因为重疾险一旦发生，肯定需要住院、需要有人看护等，那所以千万不要忘记了同时增加附加住院津贴和住院日额补贴的附加险。有些保险公司还把豁免功能单独做为附加险的，那也一定要加上。这样一旦发生不幸，能尽最大限度给自己一个全方位的保障。

大家把握这8个方面以后，在国内购买重疾险就不会有特别大的困惑了。趁早买对重疾险，就是对自己和家人最大的负责。

给孩子买保险，需要考虑哪些

现在每个家庭最宝贝的是什么?无疑是孩子。贝壳姐就来说说“少儿重疾险”，有孩子的爸爸妈妈正好可以做个参考。

少儿重疾险是保障少年儿童重大疾病的保险种类，如果孩子在保险期内遭遇不幸的重大疾病，只要在指定的医疗机构确诊，就可以向保险公司申请理赔，就不用担心后续的医疗治疗费用了。

目前国内在售的少儿重疾险主要有两个类别——返还型重疾险和消费型重疾险。返还型重疾险是指在保障期内提供重疾保障并且在保障期满以后返还保费且有一定利息的保险。其实这种产品的本质是在几十年的保障过程中，最终赔付的理赔金实际上是用的自己的钱，因为每年要缴纳的保费相对比较高。而消费型重疾险是在保障期内提供重疾保障但保障期满以后没有保费返还的保险产品，这种保险特点是纯保障，前期保费很便宜。

那么，到底是哪一种保险类型更好呢？贝壳姐选取了一款在某网站上销量靠前的返还型重疾险，0岁男孩每年交保费1 720元，需要连续缴费8年，共需缴纳13 760元，保障额度10万元。

22岁时一次性返还保费和利息16 044.16元。再来看消费型重疾险，同样是0岁男孩，同样是10万元的保障额度，每年交保费200元，连续交费22年，就是4 400元。每年比上一种保险产品节约保费1 520元，节约下来的保费22年一共为33 440元。如果你有更好的投资渠道，年化收益率能够在5%以上，消费型的保险产品更利于提高资金的利用率。因为使用了最小的成本达到了给孩子投保的目的，同时多余的预算投入又能用于高收益的投资理财，获得更高的回报。有小伙伴说，我是懒人，我也没有合适的投资理财方式，如果存银行利率也很低，那不如就买返还型重疾险的，收益虽然不算高，但是省心省事。

购买少儿重疾病险，大家一开始就要考虑好，要给孩子多少金额的保障，保障多少年。那我建议：按照现在的医疗费用，一般需要配置30万～50万元的赔付金比较合适，保障25年左右比较合适。25岁基本上是一个孩子踏足社会参加工作的年龄段，那么那时候可以接入成人重疾险，越早接入保费越低。

设定好这两个前提条件，大家就可以去选择保险产品了，主要考虑以下8点。

（1）最好是选择一些大品牌的保险公司，主要是为了赔付起来不会遇到麻烦。

（2）同等赔付金、保障年限的情况下，缴纳费用最优惠的。

（3）同等前提下，选择有豁免

条款的。比如说孩子在交费期间生病了，可以豁免交纳未完成的后续保费，保单赔付依然按合同约定总金额赔付。而有的公司会只赔付你已经交款的那部分钱，我们注意不要选择这样的保险产品。还有的是孩子的父母一方发生意外生病，会影响到孩子交纳保费，也可以豁免交纳未完成的后续保费。毕竟孩子自己是没有经济能力的，父母发生不测自然没法交费，这样的规定是很人性化的，推荐这样的保单。

（4）注意看合同中的赔付范围，不要光听宣传“涵盖了几十种疾病”，有些是夸大其词，有些是偷换概念的，大家要具体比较合同中的重大疾病到底有几种。

（5）有些合同要求指定医疗机构，那么要查好你们当地是否有这样的医疗机构，要是在外地不是麻烦大了？如果有指定医疗机构的，你去其他医院就医就无法获得赔偿。

（6）认真注意合同中的赔付条件中是否有这样一条：发生重大疾病，一定要相关医疗机构做好相关的重要医学检验，并出具医疗报告才能获得赔偿。看到这一条大家特别要当心，比如某个疾病如果需要病理切片才算确诊，那有些重大疾病其实是做不到的，建议排除掉这样的保险合同。

（7）大多数人都不太可能真的得病，那么当孩子25岁时候能获得多少钱呢？这个问题也很关键，主要是用来比较这个保险产品的收益率。

（8）保险产品以往的赔付速度、赔付流程是否简单，我们要事先看清楚合同，有些约定15天内赔付，有的约定30天内赔付，所以大家一定要注意，一旦发生不幸，当然越早获得赔付越好啊！

以上8个要点请大家一定去对应保险产品合同，合同的条款非常多，但是都要仔细阅读，有的保险销售业务员会给你讲道理、摆事实。比如有一次，一位保险业务员跟我说："姐，我们公司的产品非常好啊，我的一位客户买了我们产品后，不幸真得了病，我马上处理，给他理赔了多少钱，动完手术他还赚的呢！"要是抵挡能力差一点的朋友，肯定觉得这产品这么好，就掏钱买了。但是我们要冷静一想，每个人的身体具有独特性，销售员的客户所得的病种，我们自己不一定会得，不同的病种是否还能合上这保险合同呢？其次，治疗的医院不同，治疗的方法不同，这都会影响到合同的履约情况，更不要说是赚是亏了。如果你想着买保险，要拿自己的身体生病去赚个保险多余的钱，这种思想最不可取了。所以，当你身边有保险业务员不断向你推销的时候，请冷静下来，仔细看合同，保险销售说得再好，到最后的落实都是在合同上。保险业是我国最讲法的行业之一，最后肯定是一切按照合同来办理的。

最后，贝壳姐想重申一下购买保险的顺序：先要给家里的经济支柱购买，其次再给老人、孩子买，只有保障好家庭的经济支柱，才能让全家不会因突变而发生重大的经济损失。我们普通人买保险，主要买三种：重大疾病险、意外险、家财险。

投保需谨慎：数数最常见的保险坑

经常有很多朋友来咨询贝壳姐买保险的相关事宜，大家有购买保险的这个意识是很正确的，但是大家也要注意避免落入保单的各种陷阱。贝壳姐在这里特别讲一讲购买重疾险时有可能会踩到的坑。

1. 治疗方式不符合保险条款规定而不赔

目前各保险公司的重大疾病险中仍然有着类似条款，条款要求患者必须按条款要求的手术方法治疗才可以得到赔付，但其中很多都是过时的治疗方式。比如，某保险公司重大疾病险的条款有这样的规定："癌症：……任何组织涂片检查和穿刺活检结果不作为病理依据……"但医生解释说，现在癌症的病理诊断全都是依靠组织涂片检查和穿刺活检结果，如果不包括这两种，那就只能切片检查。所谓切片就是割一部分病样部

位下来，那有的部分要割一部分下来可不容易呐，这种检查方法就排除了现在发病率比较高的癌症（例如肺癌、胃癌、食道癌等等）以及中早期癌症。也就是说，患者只能捱到晚期再去医院检查，否则就得不到保险公司的赔偿。

2. 附加的诸多额外责任只是噱头

很多保险公司在保险责任外还有额外责任，以此使投保人误以为额外责任越多买得越值，但实际上其中很多额外责任并无实际意义。比如，有些保险公司把“大病后豁免未交的各期保险费”算作“另一条保险责任”。而根据部分保单条款，有可能重大疾病理赔后，合同责任已经终止，保险公司不再负担任何保障，投保人也不再负有交保险费的义务，哪里用得着豁免未交的各期保险费呢？此外，还有一些保险公司将“全残责任”也列入“全额给付保险金”的范畴，对“全残”没有概念的人一定会觉得这条责任很优惠，可实际上人可不容易“全残”，而因此多交的保费可是真金白银要拿出去的。

3. 大病保障范围不是越广越有用

保险公司为了争夺客户,往往在大病保险上大做文章,将重大疾病的种类分为数十种甚至还有宣传可保障500多种疾病的重疾险。可能许多人会觉得保险保的重大疾病越多越好,但事实上却并非如此。举个例子，比如保单中只保10类疾病，其中涵盖“癌症”这类重疾，虽然只有两个字，但却几乎囊括了所有细分的癌症类型(除原位癌)，而那些号称可以保障30种以上大病的重疾险，可能并不涵盖只有“癌症”这两个字中所涉及的其他癌症类

型。所以，只保障10种重大疾病的保险，未必比细分成几十种具体疾病的重疾险差。而它们之间的保费相差也并不太多。还有些保险公司会将大病区分为两大类：罹患“一类大病”赔付保额的80%,罹患“二类大病”赔付20%。怎么理解呢？就是说第一次患上大病后,本该赔20万元,但是只能够获得16万元,剩下的4万元要等投保人再次患上“二类大病后”才能赔付。遇见这种保单就立马拒绝吧!

4．不是刚买后得病就能马上获赔

有很多人以为，购买保险不久后一旦被确诊重疾，就可以立即获得赔偿。其实未必，重疾险都是有观察期的。

什么是重疾险的观察期?观察期是指自保单生效之日起，在一定的时间内罹患重大疾病，保险不赔或只赔偿部分保额。一般说来，重大疾病的观察期一般在90天到2年，各保险公司条款上规定的都不一样。举个例子：小王近日刚买了重大疾病险，这份重大疾病险的观察期是90天，如果他不幸在两个半月的时候被确诊罹患保单范围内的重大疾病，那么保险公司是不予赔偿的，或者只赔偿很少的一部分。

5．保额不是越高越好

保额应该根据实际情况定，并非越高越好，保额越高，相应的保费也越多。保额选择多少，不仅要根据自身的经济承受能力来定，还要了解目前重疾的医疗花费情况。重大疾病的治疗费用通常在10万～20万元左右，因此保额选择20万～30万元比较适宜。低于10万元的重疾险起不了什么保障作用，而超过30万元对普通投保人来讲，承担的保费又太贵，也没必要。千万别听保险业务员鼓吹保额越高，代表你有多少身价，保得身价越高越好，要知道吹牛是不需要成本的，而你的保额增加成本是巨大的。我就曾经遇见过很多保险销售员对我说："贝壳姐，你得买大保额啊，那样你的身价高啊！"我心里想，身价过高绝对是增加了额外的经济开支，适合自己的保单才是最佳选择。

6. 按身故而不按大病赔偿

在身故保险金赔付金额规定上，多数保险公司都规定按照保险金额赔付，但是也有一些公司把"身故保险金"规定为退还已缴的保险费。如果相同保额、相同价格，身故不赔保额，而是退费的话，遇见这种保单还是立即拒绝吧！

7. 保险公司随意更改条款

事实上，重大疾病、重大手术范围，以及保险费率问题是保险合同的核心内容之一，对这些内容进行调整实际上是对合同内容做出了实质性的变更。按照法律规定，重大疾病、重大手术范围及保费率等做出调整前，已经签订并且尚未履行完毕的保险合同，保险公司在按新调整的规定进行变更时，应事先取得投保人或被保险人同意或协商一致，投保人或被保险人有权针对调整后的范围或费率的条款做出是否接受的选择。因此，在我们投资重大疾病险时，一定要特别注意合同中是否有类似的条款，如果说有一边倒地给予保险公司随时可单方调整保单的条款，那这种保单我们也要立即放弃。

贝壳姐讲了大家在实际生活中最容易遇见的7个坑，那万一有的朋友已经跳“坑”里了该怎么办呢？大家要注意利用好退保犹豫期。按照中国保监会的规定，消费者在购买保险之后有10天的犹豫期，犹豫期内可免费退保。超过10天犹豫期，消费者要求退保则需要承担退保违约金，但大部分保险公司只会退我们保单现金价值表上的数额。不要认为我们交了1万元的保费，保险公司会退回1万元，而要查合同上的保单现金价值表上的数额，一般只可能是1千多块，所以损失会巨大。保险公司就是增加消费者的违约成本迫使醒悟过来被忽悠的消费者最终放弃退保。

如果大家被误导买的保险已经超过了犹豫期，那一定要注意保留相关证据，尤其是书面的合同、诱导材料、虚假广告宣传，还有保险业务员跟你推销时候的语音录音，这都是有利的证据，然后到消费者协会、保监会等相关部门进行投诉，也可以通过法律途径维权。现在的保险公司一般都很注意公司形象，如果真到这一步了，记得一定要联络新闻媒体，让社会舆论来为你的维权增加力量。

基金这样买

一起来"搞基"：5步教你挑选好基金

买基金的人通常被称为"基民"，做一个稳妥的基民其实也不赖。基金选得好，短期买进卖出能小赚一笔，中长期除了基金价值上升的资产增值，还能因为基金分红、基金的复利作用而收获一笔不菲的财富。在国外，基本上每个家庭都拥有一定的基金配置作为家庭理财的一大方面。因为基金都是由基金公司的专业人士来集中进行投资管理的，比个人投资者更能获取社会优质资源。比如有些封闭式基金就能以低于市场价格的金额购买到股票，那么未进入市场，就已经领先了，自然后面进入股市流通赢利就是大概率事件了。

想要成为基民，我们肯定是要知道这些事情的：

1. 买基金首先要开户，银行、证券公司、基金公司网站都可以办理。在基金公司网站购买基金，通常都有费率折扣优惠，目前我看到的最大折扣是4折。

2. 买卖基金需要我们付申购费和赎回费。这里提醒一下大家，基金收费的方式可以特别约定，有两种：一是前端收费，即我们在买入的时候就要收费了，这种适合短期购买行为；二是后端收费，就是交易完成的时候才收费，这种方式比较适合操作基金两年以上的人，因为通常基金都会约定持有该基金两年以上就免除费用。

3. 约定基金分红方式。很多人买卖基金时会忽略这一点，如果我们不做特殊约定，基金管理公司就当是默认现金分红，分红会以现金的形式打到我们的个人帐户，这个适合短期操作者。如果是长期型操作，我建议把分红方式做特殊约定为“红利再投资”，分红的钱会自动购买你所选择的基金份数，而且不需要额外的申购费用，这种方式最大的好处就是发挥复利作用。

4. 关于基金种类的选择，现在网上、社会上各类资讯、小道消息都很多，贝壳姐要强调一下，道听途说就购买基金这个习惯很不好，大家一定要避免。一定要是我们自己考虑过了解过的基金，才能选。有粉丝问，网上、书上各种基金挑选方法好多、好复杂，我看不懂，有没有比较简单的方法?

我简单总结了自己选择基金的方法，归纳为“五步法”。

第一步，查看基金评级榜单。基金的评级是非常专业的公司来操作的。我个人比较看重美国背景的晨星三年评级和五年评级，其次是海通、招商等证券公司对基金的评级。一般可以综合多家评级，大家可以上天天基金网查找四家评级机构对基金的评

级，再上晨星网查看评级。通常评级在五星的基金虽然发展比较好，但是买入价都比较高，所以我通常选择评级在四星或三星的基金，这样就能筛选出一批基金了。

精彩音频　即扫即听

第二步，在第一步挑选出的基金里比较这批基金的累计净值增长率。这点非常重要，一个基金好不好，看看增长率高低就可以直观反映出来。大家可以通过和讯网、银率网获取这条信息，把累计净值增长率高的基金挑选出来。

第三步，再从第二步挑选出的基金里，查看这些基金历史分红，分红比率高的基金说明运作赢利面大，把这些基金再挑选出来。

第四步，基金的规模不适合太大，太大的基金操作复杂，分红不易，最好是规模在几亿到十几亿的。我们设想一个人如果拿着1000块也许比较好考虑买什么，但如果是拿着上百亿是不是会心慌一下这钱怎么花？同样的道理，基金经理不能随便迷信，他们也是人，他们也会有心慌压力大的时候，所以这样一挑选又能刷掉一批。

第五步，从剩下的基金里对基金公司的口碑进行比较。基金经理能三五年不换的基金比较靠谱，因为基金经理的更换对基金操作手法的影响是不言而喻的，但如果基金公司规模不小但口碑好，那又能最大程度的规避风险了。

熟练掌握这五步法，我相信大家就算没有在基金中大赚，也至少不会亏吧。也许有的老基民会说：“你讲的这方法也太简单了吧!”但是我觉得对于普通人来说，我们就返璞归真，这方法最简单，也够实用。

5. 关于基金类型的选择，不说那些复杂的英文字母带头的基金，比如ETF基金等，我就说我们平时容易遇到的基金——货币基金、债券基金、指数基金、股票基金、混合基金这五类。因为篇幅有限，我在本文着重分析。货币基金是完全本金保证的，存取都很方便，大家可以根据7日年化收益来观察。同时它是无任何手续费的，我觉得是流动资金储备的最佳选择。比如余额宝就是挂钩天弘货币基金的，散钱可以放里面，只是这个收益不高。我倒觉得可以购买某些银行的特定流动性理财产品，收益率比余额宝高，需要用钱也立即能提现，比较方便。

再说指数基金，其手续费用低，胜算率高，它通常都是挂钩沪深300、上证50等股指的。我觉得这个类型基金只要我们国家股市发展是向上走的，就亏不了。

最后提一下重要的股票基金。股票基金风险大，但赢利也大。如果要分散风险最好长期投资，买这类基金最好把手里的资金分成几份，分批投入，不要一下子就买入。当然也可以选择定投模式，每月投入一定量的资金。我比较鼓励年轻人采用这种基金定投的方式，倒不是说三五年后你会积累到多么巨大的财富，但是通过这种方式可以培养自己理财的观念与习惯、避免做月光族，然后到买房买车的时候，这笔钱就会起到不可或缺的作用了。

其实基金的门道也很多，本篇是成为基民需要了解的最基础的知识，但愿还没接触基金的朋友们能尽快了解基金这个投资工具。

基金的四大种类和买卖小窍门

贝壳姐想给大家分享一下买卖基金的小窍门，这样大家不仅能提前做好资金安排，还能因此省下钱。

一是费率可以降低。我们都知道基金的认购费1.2%，申购费1.5%，赎回费0.5%，其余还有一些如：管理费1.5%，托管费0.25%（当然在实际交易中我们只需要考虑申购费和赎回费）。那有没有办法降低交易费用呢？

第一种方法，我们可以选择直接在基金公司官网开户，直接绑定相关银行卡进行交易，基金公司不同，绑定各种卡得到的申购优惠费率也不同，最低可以享受到4折。个人建议可以优先考虑浦发、光大、兴业、民生、招商、华夏、中信等7大股份制银行卡，具体可以先查询基金公司网站。不建议选择五大行，五大行的卡在很多基金公司的费率优惠很有限。

精彩音频　即扫即听

第二种方法，有一些基金公司的产品是需要后端付费的。后端付费就需要注意了，虽然在申购时不收手续费，但是如果在短时间内选择赎回，则需要支付更高的申购费用，一般是1.8%，除非持有较长时间，这样在赎回时，申购费才能够减免。当然如果持有时间较长，不管是前端还是后端，赎回费一样也是可以减免的。

这里需要补充一点：有些基金公司规定，部分银行卡在申购时，还要额外支付一点转账费用，一般是2元到8元不等，因为这些银行卡是通过银联转账的。但总体来说，费率还是优惠不少的。大家具体可以先咨询基金公司或者到官网查询。

二是交易的时间问题。申购确认时间就不多说了，大家都知道。当天15:00之前申请的算当天净值成交，2个工作日可以查询。15:00之后的算下一个交易日的，依然是按成交日计算，T+2可以查询。具体说一下，赎回确认资金到账时间（货币基金除外）：股基一般是T+3，QDII一般是T+8。如果是银行代销的，股基T+4到账，QDII T+9到账。

了解完这些操作层面的事情后，我们就该讲具体基金了，大家先来认识一下基金的种类。目前基金产品种类有数千个，基金类型、风险等级、投资风格覆盖了各个方面，随着各基金公司不断推出新产品，数量也在不断增加。因此，基金投资也要因人而异，“只有合适自己的，才是最好的”。选择适合自己的基金，适当参与投资，才是我们获得预期收益的关键环节。

大家肯定会问，那么多的基金，要找出属于自己的“菜”，

这项工程不小吧？确实不小，但有贝壳姐在，咱们有绝招。

其实基金再多，名字再花俏，但万变不离其宗，其本质无非就四种而已：货币型基金、债券型基金、混合型基金、股票型基金。它们是根据证监会出台专门的规定来划分的，根据这个标准，市场上的两千多只基金就是属于以上四种类型的基金，它们有着不同的特点：

货币型基金

平淡无奇，但是能够提供人们最需要的安全感：安全稳定、按持有时间计算收益、风险几乎为零，它属于基金品种里面风险最低的品种。

债券型基金

兼重风险与收益，力求在追求更大收益的同时，把风险控制在一定范围内（债券基金有比例不超过20%的资金可以投资股票，以追求高收益）。它的风险等级比货币型基金略高，属于中低风险的品种。

混合型基金

融合了各大基金品种的特点，自成一家，形成自身独有的特点：风险均衡、在控制风险的前提下追求收益的最大化，同时可以根据市场变化而调整自己配置各种标的比例，以追求高收益。它的风险等级在四大菜系里面排第二，属于中高风险等级的产品。

股票型基金

最为刺激，因为股票型基金的大部分资金都配置在高风险的股票市场上一样，基金的业绩也随着股市的波动而大起大落，在高风险的环境中全力寻求高收益。它的风险等级在四大基金菜系中处于最高等级，属于高风险等级品种。

由这四种基金衍生出来的各种“衍生品”，虽然万变不离其宗，但也有它自己的特色，比如说，指数基金、ETF、LOF都是由股票型基金衍生出来的；保本型基金是由债券型基金和货币型基金交汇融合产生的一个“杂交品种”；QDII基金是走出了国门的股票型基金菜系，属于高风险型的；余额宝、活期宝等各种宝宝其实都不算是衍生出来的，无非就是一些货币型基金换了一件包装而已。

了解了基金市场的各种基金的特点，我们就可以根据各自的需求来选择自己喜欢的基金了。所谓萝卜白菜各有所爱，有那么多种基金供大家选择，你首先得了解自己基金投资的“口味偏好”，才能选择出适合自己的。

买基金怎样确定自己的口味偏好

我们在了解各类基金的特点后，就可以根据自己的需求选择喜欢的基金了。这里有一个关键步骤——确定自己的口味偏好。有小伙伴又问了："我该怎样根据自身情况来判断是否适合呢？"这就回到本期内容一开始的关键问题：怎样确定自己的口味偏好？

大家可以通过年龄、风险偏好、投资期限等自己的具体条件确定。我一般从三方面来分析。

第一，从个人年龄方面来分析。如果你是一个刚刚走出校门的大学生，你有比较远大的目标，年轻是你最大的资本，一些投资上的暂时失败对你不会造成太大的影响，那你比较适合参与风险相对较高的基金投资品种，比如说股票型基金、混合型基金。如果你正处于人生的青壮年时期，年龄三四十岁，肩负着家庭的重任，在多年的摸爬滚打中练就了良好的心态和丰富的经验，但上有老下有小，是一个家庭的主心骨，你就不能孤注一掷全投高风险产品，那么比较适合配置一部分高风险的基金和一些中低风险的基金，以达到平衡风险、获取较高收益的目的。如果你已过了“五十知天命”，快到花甲之年，你的大部分精力都已经贡献给了社会、家庭和后代，现在孩子们也长大成人了，你经历过太多的大风大浪，心态已经愈趋平静，不想再去承担太多风险，只想安安静静地颐养天年，那你就比较适合配置一些中低风险的基金品种，如债券型基金、货币型基金，尽量少参与或不参与股票型基金的投资。

第二，从个人性格风险偏好方面来分析。我们在买基金前都要开户，在开户时，一般都需要填一份风险偏好调查表，以测试你的风险偏好程度。这个调查虽然看上去像走过场，但却能从一定程度上反映你的投资性格和想法。风险偏好可分为保守型、稳健型、激进型，分别对应着风险等级的低风险、中风险、高风险。对于保守型投资者，货币基金和债券型基金是首选，适当配置一小部分混合

型基金；对于稳健性投资者，混合型基金和债券型基金是首选，适当配置小部分股票型基金；对于激进型投资者，股票型基金是首选，可适当配置一部分混合型基金以平衡风险。大家一定要记住，投资的风险和收益是相对应的，高收益的同时也代表着高风险。

精彩音频　即扫即听

第三，从投资期限不同方面来分析。长期是指五年以上，投资者可多参与一些股票型、混合型基金，股市亘古不变的规律就是涨涨跌跌，跌久必涨，涨久必跌，我们可以利用一个较为完整的牛熊周期来获取最大化的收益；中期是指两至五年的时间，投资者可适当多配置混合型基金和债券型基金，少量配置股票型基金和货币型基金，利用债券型基金和混合型基金相对稳健的特点来对抗风险，在行情好的时候可以获取相对高的收益，在行情差的时候也不至于深陷其中；短期是指两年以下，投资者要注意规避短期的风险，不可过多地参与股票型基金和混合型基金，适当多配置债券型基金和货币型基金。

知道了自己的口味偏好，又有那么多的基金供大家选择，我们还要通过不断尝试，找出适合自己的基金，这才是最关键的。喜欢网购的亲都知道，淘宝模特穿的衣服很好看，很多人就立马下单，然而买回来一试，觉得哪哪都不对，于是就大呼上当。其实，不是说网上的图片不真实，而是那件衣服也许压根儿不适合你。

我们在进行基金投资时也这样，虽然知道了自己的口味偏好，但是你想选的那一只类型的基金是否真的适合自己，你得亲自去体验一下才能知道。

首先，大家可以根据个人的口味偏好，有目的地去挑选适合自己口味的基金。这一步基本上可以确保你选择基金时大的方向没有问题。

其次，可以借助各大基金平台来帮忙挑选，如天天基金网，里面有个基金比较功能，通过比较历史业绩、基金经理的投资回报、基金持仓等方面来确定最后具体的基金。

再次，基金适不适合，大家真的得亲自去投资体验一下才知道。正如菜的味道如何，得你自己亲自品尝才知道。因此我们在确定出具体的基金后，不要一次性投入太多资金进去，可先观察一段时间，投资一小部分资金去体会。在确定基金确实适合自己后，再慢慢分批建仓买入，并设置好止损止盈位，坚持持有即可。

最后，还要提醒大家一点，随着市场风格的转变和股市运行的变化，基金产品的业绩也会出现变化。因此，如果我们选出来的基金在一段时间内出现了特殊情况，如基金经理更换、投资风格转变较大的情况下，我们要及时作出调整，以防深陷其中。

除了宝宝类基金，还有哪些中低风险的基金

大家都知道，现在实体经济不景气，全球市场都还处于时局动荡、经济复苏缓慢的历史进程中，那么作为投资者，我们要关注的是在这样的环境下如何去做中低风险的基金，如何在保障本金安全的基础上去获得稳定的收益。本篇贝壳姐给大家提供三种基金投资标准做参考，让小伙伴们能更好地做自己的中低风险基金投资组合。

这里贝壳姐先说说宝宝类理财，之前有粉丝问："宝宝类理财是什么?"相信很多90后、95后都熟悉，比如支付宝的余额宝、腾讯的理财宝、微信理财通、平安银行的壹钱包、京东小钱库，或者是现金宝、收益宝之类。宝宝类理财产品就是这些以淘宝发端的、以宝类冠尾的，以货币基金为实质的现金管理类理财产品。它们的好处是把我们放进去的钱用来购买货币基金，稳定收益高于银行活期存款而且取现方便，对于纯小白或者学生党来说，宝宝类理财是最简单的理财入门了。

最近，各大宝宝类理财产品收益率不断上涨，某宝类的七日年

化收益率已经高达4.38%，距离5%只有一步之遥。感兴趣的小伙伴可以去网上搜一搜，自己再评判，看看要投哪家的宝宝类理财产品。

下面我们步入本节的正题：三种中低风险基金。

第一种：债券型基金①

债券型基金指以国债、金融债和企业债等固定收益类金融工具为主要投资对象的基金，因为它投资的产品收益比较稳定，所以被称为“固定收益基金”。债券型基金风险等级属于中低风险。从这个层面上来看，它比较适合风险偏好为保守型、稳健型的投资者，对于这两种投资者来说，在投资组合中加入适当的债券基金，可以起到平衡投资结构、降低投资风险的作用。

根据中国证监会对基金类别的分类标准，基金资产80%以上投资于债券的为债券基金。假如一个债券基金规模为10亿元，那么它必须将8亿元投资在各种债券上面。而债券是一种中低风险的带有约定利息的固定收益品种，这样就决定了债券基金相对安全的特性。

债券基金也分为很多种类型，按照资产的投资分配，可分为纯债基金、可转债基金、增强型债券基金、信用债基金等。这里我按照风险等级从小到大安排它们的出场顺序：

纯债基金②的资产几乎不投资二级股票市场，主要依靠债券付息来获取收益，属于风险较低类型的。

可转债基金③指的是资产主要投资于企业发行的、可转债券的基金。这里需要强调一点：可转债是一种很特别的债券，它是指持有者可以在一定时期内按一定比例或价格将之转换成一定数量的另一种证券的债券。通俗点来说，它是“男女同体”的，既是债券，但也可以在一定的约定条件下转换证券（如果上市公司发行的就叫股票）。可转债具有“进可攻，退可守”的特性，当股市上涨时，它具有股票的特征——上涨快，获得的收益大；当股市形势不好时，它又具有债券的特性——获得利息来对冲一部分风险，以减少持有人的风险。

增强型债券基金④除了投资债券市场外，还将不高于20%的资产投资于二级股票市场，以攫取股市上涨所带来的超额收益。这一类的债券基金风险相对偏高一点。

信用债基金⑤是指资产主要投资于信用债市场的基金。信用债是不以公司任何资产作为担保的债券，属于无担保债券，风险相对大（主要是无担保债券出现违约所带来的风险），但是收益也比较高。

那我们该怎样投资债券基金呢？

债券基金的价格波动不大，因此定投不是投资债券基金的最好方式。对于这种中低风险的固定收益品种，我们常用的方法就是选好一只适合自己的基金，设定好止损止盈点后，一次性买入并持有。我们不用每天去观察它的收益，只需要一段时间内去看看大概的收益情况即可。这时考验我们的就是我们坚持持有的信心和恒心了。

当然，债券基金也不是说不能用定投的方式，对于“月光族”“剁手党”来说，采用定投债券基金的方式，可以起到类似于零存整取的强制储蓄效果，从而把我们个人的收入变成财产，可以达到积累个人财产的效果，又能获取债券基金带来的较高收益。

第二种：保本基金

保本基金起源于20世纪80年代的美国。所谓保本基金，就是在一定期间内，对所投资的本金提供一定比例的保证保本基金。基金利用孳息或是极小比例的资产从事高风险投资，而将大部份的资产从事固定收益投资，使得基金投资的市场不论如何下跌，都绝对不会低于其所担保的价格，而达到所谓的保本作用。一般来说，保本基金将大部分资产投资于固定收入债券，以使基金期限届满时支付投资者的本金，其余资产约15%～20%投资于股票等工具来提高回报潜力。

保本基金的特点非常鲜明：① 保障本金的安全，这在基金里面有明文规定的，但大家要看清楚具体细节，因为有些不是100%保障的，而是部分保障；② 在规定的时间内才会保本，一般来说只有全程参与整个基金规定的整个运作期才会保本，提前赎回的不保证保本；③ 投资期限较长，一般为3年以上；④ 提前赎回会收取惩罚性的手续费。

对于保本基金投资，贝壳姐有以下三点建议：

（1）投资期限最好是三年以上，同时应避免提前赎回。

（2）仔细阅读基金的合同，详细了解基金的各项要求，并结合自身实际作出是否购买的决定。

（3）尽量在基金募集期参与认购，并持有至基金运作期满，获取最大收益。

第三种：QDII基金

2017年来，A股一直处于震荡市，消磨着我们投资者的意志。但国外证券市场却如火如荼，走出了一波相当可观的行情。比如美国道琼斯指数，2017年至2018年8月震荡上行，创了新高，和我国A股形成了极大的反差。很多A股投资者都无奈地感慨：都是投资者，差距咋这么大呢？ 羡慕归羡慕，那么有没有一种方式让我们广大投资者也可以去参与分享国外股市的上涨收益呢？还真有，这就是我们今天要谈的QDII基金。

QDII基金是指在人民币资本项下不可兑换、资本市场未开放条件下，在一国境内设立，经该国有关部门批准，有控制地允许境内机构投资境外资本市场的股票、债券等有价证券投资业务的一项制度安排。简单地说，QDII就是境内投资者想参与投资境外证券市场的一种制度。

目前，基金市场中已经出现了过百只QDII基金，为我们投资海外证券市场提供了多样选择，大家在甄别的时候，要多比较多分析，选出满意的基金标的。大家需要注意的是，很多QDII基金投资的股票都是香港的股票，而近年来港股和A股的关联度越来越高，因此我们选QDII基金时可以适当避免以港股为主的基金，尽量选与美股、欧股有关的基金，收益预期会好些。

QDII基金需要小伙伴们有一定的理财基础，光我在文中说还不行，大家还需要自己去找相关信息，多问身边懂投资的朋友。

一时半会儿看不懂的小伙伴也不要着急，咱们先从能看懂的货币基金和债券基金入手，一步一步来。

最后对我们本文的内容做个总结：

纯小白和学生党可以从宝宝类理财入手，债券基金中，按照风险等级从低到高排序，是纯债基金、可转债基金、增强型债券基金、信用债基金；接下来是保本基金和QDII基金，这两种基金大家需要多看多问，做好长期持有的准备，不要因一时波动就随时撤出。

附专业名词解释：

① 债券型基金指以国债、金融债和企业债等固定收益类金融工具为主要投资对象的基金，因为它投资的产品收益比较稳定，所以被称为“固定收益基金”。按照资产的投资分配，可分为纯债基金、可转债基金、增强型债券基金、信用债基金等。

② 纯债基金的资产几乎不投资二级股票市场，主要依靠债券付息来获取收益。（低风险）

③ 可转债基金指的是，资产主要投资于企业发行的、可转债券的基金。（中低风险）

④ 增强型债券基金，除了投资债券市场外，还将不高于20%的资产投资于二级股票市场，以攫取股市上涨所带来的超额收益。（中高风险）

⑤ 信用债基金是指资产主要投资于信用债市场的基金。

传说中的私募基金为啥这么赚钱

很多人都听说过巴菲特、索罗斯，也有很多人看过这样一条新闻：中国私募教父赵丹阳出资211万美元与股神巴菲特共进午餐。私募基金到底有多神奇？贝姐带大家一起来揭秘。

私募基金最早起源于19世纪的英国，那时英国在世界的很多地区都有殖民地，因此被称为“日不落帝国”。那时候英国一些居民有了钱想投资增值，但英国本土的投资机会有限，而且交通、通讯科技比较落后，这些居民就把钱放到一起，交给一个有能力了解外面情况的人或机构，让他们帮忙投资，私募基金的雏形就这么出现了。

时间的指针拨到1946年，当时的美国有一个机构叫“美国研究发展公司”，它是最早成立的正式私募股权投资公司。当时美国有一些类似于中国现在的情况。中国现在的情况是中小企业很重要，但能够获得的融资渠道非常少，而且获得融资非常困难。美国当时的小企业融资同样也很困难，后来美国政府就出台了小企业投资法案，就是说给小企业投资的公司可以得到政府比较优惠的贷款支持，而且在税收上也享受优惠。从此，美国开启了私募基金的时代。六十年代，这些私募股权投资的公司开始上市，到1968年这些私募股权投资的公司上市数量到达了上千家，带来了巨大的财富。

这就是私募的历史和起源。我在这里说一说私募基金主要分两大类，一类是私募证券基金，一类是私募股权基金。而私募股权基金又分为三种，一种是风险投资基金，一种是产业投资基金，一种是并购投资基金。

精彩音频　即扫即听

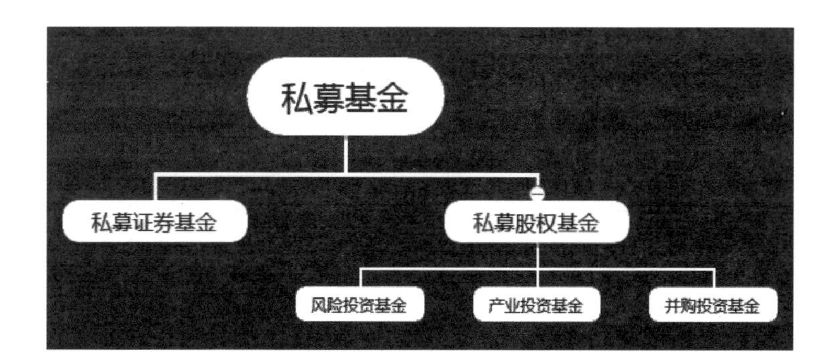

像大家平常听到比较多的新闻，什么明星基金经理从公募跳槽到了私募，那基本都是指私募证券基金，俗称“阳光私募”。阳光私募最关键的就是合理合法的操作，让大家可以享受到私募运作的好处来获取收益。而所谓“私募”，就是非公开发行。比如说公募发行的话，可能报纸上、电视上、合作银行的每个网点都会挂横幅进行大规模宣传，大家就能知道那个公募在发行，肯定会有超过1 000位投资者来购买。但私募不进行公开发行，在全世界基本上都是通过小规模的交流来发行，一般来说它不超过200个投资者，所以私募在公众眼里才那么“神秘”。

私募证券基金有三个特别的优点：

第一个优点是灵活性，公募股票型基金的仓位不能低于60%，所以，去年股票型基金都跌得比较厉害，而私募可以空仓，这是一个很大的制度性优势。这个优势也是很多明星经理想从公募出来的原因之一，私募可以给他们更大的发挥空间。

第二个优点是私募基金的个性化服务更好。比如每个私募投资者都有机会定期和私募基金经理沟通，因为私募的客户没有很多，比较容易提供个性化服务。而公募就不一样了，你买1 000元和1 000万元获得的服务可能差别不大，基本不可能跟基金经理有机会进行沟通交流。

第三个优点在于私募的盈利模式。公募基金主要是挣管理费，而私募不一样，私募的盘子小很多，一般来说一个亿、2个亿元、5 000万元，如果一个亿的话，1.5%的管理费一年才150万元，靠收管理费可能连工资都不够开，私募主要挣的是业绩提成。只有确实为投资者赚到钱了，私募才能生存。所以通常，私募基金的业绩都能把公募基金甩开好几条街，大家可以看看2016年度私募排排网上的私募证券基金的排行榜，收益惊人！

私募产品的收益这么惊人，频频有公募的明星经理跳槽去做私募，那现在中国的私募情况怎么样呢？根据基金业协会数据显示，截至2016年12月底，私募基金行业认缴规模为10.24万亿元，比2015年底增长了5.17万亿元，增幅为101.88%。特别是闹股灾的2015年，证券类私募基金还披露分红2 000次以上，创下历史新高。这个数据，大家有没有吓一跳，2015年股市大跌，私募居然还分红那么多次，收益这么好，惊叹吧？

再来说说私募基金都能投资些什么？当投资人把资金募集到一个私募基金产品里的时候，这个私募基金可以做的投资有很多种，包括买卖股票、股权、债券、期货、期权、基金份额及投资合同约定的其他投资标等等，当然，买什么，都是要事先和投资人约定合同的。那按照投资品类的不同，私募基金可以分为证券

投资基金（标的为股票)、期货投资基金（标的为期货合约）、货币投资基金（标的为外汇）、黄金投资基金（标的为黄金）、FOF基金（意为“基金投资基金”，标的为基金）、房地产投资基金（标的为房地产）、信托投资基金（标的为信托产品)、对冲基金（又叫套利基金，标的为套利空间）、股权投资基金（标的为企业股权）、风险投资基金（标的为创业企业）一共十大类别。

私募基金比较神秘的一个重要原因是，私募基金不能对所有人开放购买，只有特定的合格投资者才能购买。参与的人少了，自然就感觉神秘兮兮的。那有人会问："什么样的人叫合格投资者?"市场上文绉绉的说法有好多条，其实最关键一条是，你得有100万元闲置资金，因为私募基金是100万元起认购的。通过这一点，大家可以发现，为什么有钱的人越来越有钱，因为优质的投资资源都是向有钱人倾斜的。所以说让“钱生钱”是最快的生意。

如果你已经是一位合格中产，了解到阳光私募基金，也不要冲动乱买，每个私募基金的基金经理操盘风格都不一样，有激进型、稳健型、保守型三种，你得选择符合自己风格的基金产品来投资。还有，也不要一味以短期业绩排行榜作为选择阳光私募基金的唯一标准。阳光私募基金暂时的排名靠前可能由于基金经理一时的投资风格激进，甚至有着偶然的运气因素，并不绝对意味着，该基金经理有较好的投资能力。

因此，我们不仅要关注基金短期业绩的爆发，还要关注长期业绩的稳定性，而且净值高的阳光私募上涨空间小于净值低的私募。最后，选择私募基金的时候也不要迷信权威，尤其是迷信来自实力派的公募基金，以及大型券商出身的明星基金经理。虽然他们背景光鲜，过往投资业绩辉煌，但他们刚刚跳槽到私募基金，肯定有一个心理调整的过程，通常还面临着失去强大投研团队支持、需投入更多精力考虑公司运营等问题，投资业绩可能会受到较大影响。所以对于明星基金经理新成立的基金需要经过一段时间的考察。

所以，当我们选择私募基金的时候，首先要“知己”，知道自己的投资目标、投资周期、期望收益以及风险承受能力等，至少得是一笔闲钱才能去投资私募基金产品；其次要了解私募基金产品，知道它的投资风格、基金经理的投资策略、风险控制情况等；最后综合比较起来选择合适自己的“私募基金”，这样，它就不会再神秘啦！

房子这样买

学会这些技巧，帮你买对第一套房

拥有一套住房是很多人的梦想，大多数普通人为购买一套心仪的住房需要花掉自己人生大部分的积蓄。那么，选购住房自然需要精挑细选。有很多粉丝通过各种途径来咨询，该怎样选购房产。本篇内容是根据我多年选房买房的经验,总结的一些共性的选房要点，给大家参考。

不管是在一线大城市还是二三线小城市，有些选购房产的门道始终是一样的，正在考虑买房子的朋友一定要仔细听下面十条。

第一条，买房首先要考虑的是地段。当初我有这个觉悟是因为偶然间看到一篇文章介绍李嘉诚投资香港房产的核心经验就是选择地段。实践证明这个观点是正确的，房子距离上班地点远近，距离中小学的远近，还有常去地点远近，距离市区中心的远近，都是要考虑到的因素。因为距离如果过远，以后会在路上花费大量的时间，直接降低生活的品质。

第二条，如果经济能力有限，不能买在市中心，那也一定要考虑：房子周围交通出行是否便利，超市、菜场等是否齐全，因为基础设施齐全，生活便利也非常重要。这样能满足日常生活物品的采购，不然你总不至于买个日常用品还要耗费半小时以上吧！

第三条，选择楼盘还得选开发商。一般来说，有点口碑和公信力的开发商，那楼盘质量会相对较好，更重要的是成为烂尾楼的可能性微乎其微。我们这儿就有个小开发商，开发了一个楼盘，宣传做出去了，好多老百姓购买了，但由于是期房，楼盘建设到一半，开发商资金断链跑了。那买楼的老百姓可就悲摧了，想要钱也要不回来。网上搜搜，这样的例子不在少数，所以大家要特别注意这方面。

第四条，很多人问我买大买小，到底买多少面积合适？那我觉得这个问题得根据家庭总人口来计算。如果是三口之家那最好是有3个卧室，一个小两口自用，一个给孩子，一个备用给父母或暂住的客人。那确定了卧室数量，那再加上厨房、卫生间、客厅，有条件的话再来个书房，这样功能基本齐全，大家就可以挑选适合自己的套型了。当然我们还是要根据自己的经济实力来选择，不能说为了一步到位让自己一下子陷入还款困境中。现在不少新楼盘的户型可以做到90平方米内有三室，有的还配2个卫生间。为了我们未来的生活，刚需人群尤其是准备成家的人买房

时，至少要选择“小两居”。

第五条，不管房子面积多大，采光一定要好。房子最好能保证卧室都朝南向，做不到都朝南，退而求其次就选朝东的，一定不要选卧室是朝北的，这种户型终年不见阳光，最不受喜。

第六条，很多人对选什么楼层也有点迷茫，那不管什么类型的住宅楼，一楼、二楼和顶楼尽量不要选。一楼容易潮，容易城市内涝被淹，二楼容易下水道堵塞，尤其是下面是沿街商铺的二楼或三楼更不要选，万一楼下开个餐饮点，那油烟、油污、噪音问题可就要让你心烦了。至于顶楼，主要问题就是怕漏水。其他楼层其实大家可以根据自己喜好挑选。

第七条，最好选个物业口碑不错的小区，因为以后小区的清洁程度、治安环境全靠有个好物业，这其实也是蛮重要的。有句话说“好楼盘不如好物业”。对于开发商来说，楼盘卖完了就完了，但我们住进去，生活才刚刚开始。同一个地段，物业管理好的小区，公共绿化维护得好、社区治安好，其价格肯定要比物管差的小区房子价格要高。

第八条，买房一定要量力而行，尤其是刚需人群。

现在很多城市限购都是针对改善人群。现阶段一般买房的主力是手里有房票的刚需人群，而且多是年轻人。大部分人收入普遍不高，积蓄也相对较少，往往需要父母支持并且得贷款才能买房。大家需要注意的是，除了买房的首付之外，还需要支付接下来的装修费用、家具等。因此大家在买房时一定要根据自己的经济情况做好预算，建议年轻的朋友在选择按揭贷款时，每月月供额度最好控制在家庭月收入的30%以下，最多不要超过家庭月收入的50%，否则生活质量会受到很大影响。

第九条，从竞争对手那里了解楼盘缺点。

选房子的时候大家要看看周围三到五公里以内是否有高压电、化工厂、发射塔、垃圾站之类的。这样的房子要慎重选择。虽然现在还没有明确数据说明这些是否对人体有危害，但我们还是要谨慎，选择安全的地方居住。

大家一般买房都会看好几个楼盘，我们在考察一个楼盘时，从置业顾问那里知道的永远都是楼盘的好，真正的缺点总会被轻描淡写或者一笔带过。我们真想了解这个楼盘真正的缺点，一个好方法就是去它的竞品项目那里了解，当然竞品的“爆料”也不能完全相信，但我们可以作为一个参考。另外大家还可以去网上搜索该楼盘，有相关负面消息或者网络新闻，大家是注意不到的。

第十条，不一定要买新房。

买新房当然是最好的，可市区真正的合适房源并不多，尤其是一二线城市，不仅房价高，而且户型也不一定合适。另外，新房大部分是期房，基本要等个两三年才能入住。我们需要注意的是，新房逐渐向市区周边分布，社区生活配套就成了一大考验，许多楼盘周围都还很荒凉。二手房基本都集中在老居住区，也可以马上入住，可是楼体和户型都会有老旧的问题。另外，产权的过户比较麻烦，中介质量也参差不齐，大家要多方考量。

以上十条供大家参考，最终大家还是要看房子的价格，包括税费、还有后期的水电暖、物业管理费、车位费等等，先计算清楚，量力而行。根据我的经验，尽量选好的楼盘，买一期开发的房子，因为一期价格最便宜，质量也会比较好，因为一期是开发商打市场口碑用的，那到二期、三期价格就会比较贵了。

单身，先买房还是先买车

总是有很多年轻人咨询我关于买房的问题，尤其是“单身狗们”总是纠结着，到底是先买房还是先买车好呢？贝壳姐在这里分享几个观点。

观点一：买房是用来住的，买车是消费。

从经济学上来看，汽车是消费品，房地产是资产。一般来说，年轻人还是应该先买房子。结婚总应该有一个安定的小家，这样才能让夫妻两人的幸福指数提高，所以房子是必需品。一般来说，房子的首付基本上需要三成，那有7成都是靠贷款，那就意味着用少量资金，翘动了高额资产的杠杆。举例来说，一套100万元的房子，你只要有30万元的首付，贷款70万元，就可以买下，那意味着你用30万元取得了100万元的资产。虽然，买房子后每个月要缴纳贷款利息和本金，这是一笔负债，但是却是为了创造资产而产生的负债，而不是因为消费带来的负债，所以是划算的。

再说买车，买车就是买一个消费品，从你买进新车的第一天

起，这个车就在跌价，买进汽车5年后，想要再出售，基本上只能打5折。而且，因为用车养车、支付保险，每年至少需要开支2万元左右。

之前我们也提到过，目前已经进入一个实际负利率的时代，银行的贷款利息、公积金的住房贷款利息都非常低。现在如果有条件，那就应该买房子，不要奢望房价会因为政策调控一下大跌所以呢，如果大家有买房的考虑，就不用考虑先买房还是先买车的问题了，当然是要先买房子。

观点二：如何正确买房子呢？

年轻人一定要根据自己的实际能力来选择房子。在选购房产时，要选购比较大型的、完善的社区，最好要注意选择车位或车库价格合理的小区，提前为以后购车做好准备，毕竟买车消费还是趋势。

精彩音频　即扫即听

对我们普通老百姓来说，很多人为了能拥有一套属于自己的房子，勤勤恳恳挣钱，不敢懈怠。一二线城市的大部分新楼盘，价格高，位置也离市区较远。那么在市区里，配套完善价格又相对较低的二手房，就成了很多人的选择。

前一篇文章中贝壳姐说了几点自己买新房的经验，我有亲戚和朋友买二手房的时候曾经踩过一些雷。我这里也简单说说，如果我们选择二手房，应该要格外注意哪几点。

首先，看房时一定要问清楚房子是什么产权。

我们买新房，一般开发商会标明，这是70年产权的住宅还是四五十年产权的商住楼。但二手房就不一样了，尤其是一些年代比较久的老房子，网上查不到相关信息的，就一定得问清楚，到底是70年、50年、40年，还是房改房、集体产权房。另外大部分商住两用房是商水商电，价格是民水民电的两倍，也有部分的商住两用房是民水民电，大家一定要问清楚。目前政策来看，一线城市对商住房政策收紧，所以想购买商住两用房，如果不是特别着急，建议大家还是持币观望。

此外还有供暖问题，是市政供暖，还是小区集体供暖。大家要详细询问房主房子的情况，为什么要出售房子，是因为普通的换房还是说房子另有其他原因，大家也可以多在小区里转悠转悠，问问大爷大妈，这个小区物业怎么样，卖房的多不多。

其次，资金方面，大家看房不要急于交定金。

近两年有一些新闻，一二线城市有的房主卖房坐地起价，购房者交了定金，房子一夜之间涨价20万元到50万元不等，如果要买，就加价，如果不买，定金也退不了。虽然不同城市行情不一样，但大家尽量多考量。冲动是魔鬼，很多人还没有对房子有个全面的了解，在中介和卖家的鼓动下，一时冲动付了定金，这是不明智的。因为按照合同约定，在大多数情况下，定金是不退的。所以，除非自己对该房的情况了解，否则就不要急于交定金。另外，如果你所在的城市有限购令，也千万不要为了凑第二套房子的钱，贸贸然把现有的唯一一套房子卖了，有可能你卖了这套，出了新政，第二天

你就不能买了。

再者，买房时候避免不了的，和中介斗智斗勇的问题。

现在有很多房产中介，比如链家、房天下、房多多之类的，网站上会标明一套房子的价格和其他具体信息。大家要注意，二手房这个市场，本身价格就不透明，一般网上报价会比实际价格低十几二十万，而且有的房产网站，会把一些已经卖出去的房子或者说房主并不真心想卖的房子挂上去，标注低价，来吸引买房人。曾经有一位朋友跟我说，他想买二手房，结果看上的几套房子，去了实地中介告诉他卖掉了，推荐他去看看同一小区的其他房子，或者看看附近小区的房子，而且看的都比我朋友网上相中的房子贵。大家看房一定要实地查看。此外，大家一般是通过中介去看房。每家中介收取的中介费都不一样，一般是在总房价的1%～3%。房产中介市场鱼龙混杂，大家去看房买房时，如果有感觉不对的地方，比如有中介威胁买家只能通过他来买房，一定要及时录音、拍照，保留好证据，以备不时之需。

怎样判断一个城市房价的走势

有很多粉丝问，到底要不要买房？咱们这本书是针对理财小白的，大多数读者其实是刚需人群。简单解释一下，一个城市的房地产市场越来越靠有真实住房需求的人群来支撑，我们可以把这些人称为“刚需人群”。

很多朋友在外地打拼，除了挣钱还希望能在工作的城市有个自己的房子，除了北上广深，还有众多省会二线城市，比如济南、郑州、杭州、苏州等等。

我们就单纯地说一说怎么判断一个城市房价的趋势。我们先说一个点，就是城市的人口净流入流出率。

去年的楼市政策大家也都看到了，虽然一二线城市颁布限购政策，三四线城市推出鼓励购房的政策。但贝壳姐要说的是，政策刺激虽然可以在短时间内改变房地产市场格局，但中长期的楼市走向依然是要取决于供求关系的基本面，就是买房需求数量和该城市的楼房供应数量之间的关系，是供大于求，还是供不应求。

这个供求关系归根结底体现的是经济发展和城市吸引力。所

以人口净流入是我们分析城市吸引力和未来房价走向的一个最重要的指标。

一般来说，经济发达的城市，比如北上广深，它们有优质的社会公共资源和良好的就业机会，这对流动人口形成了强大的吸引力。所以会有越来越多的人选择北漂、南漂。大量的流动人员到大城市后，想要融入大城市的愿望十分强烈，这也使得大城市形成了盆地聚集效应，包括资金在内的各种要素资源向大城市聚集。融入一个城市，需要什么呢？最基本的两点：房子和户口。这就可以简单地解释为什么北上广深不仅限购，房价还高。

在这里，贝壳姐要给大家解释一个词语——马太效应。马太效应是社会学家和经济学家们常用的术语，反映的社会现象是两极分化，富的更富，穷的更穷。资源集中程度越高的城市，人口流入越多。人口流入越多，想来的人就更多。经济越落后的地区，人口大量流出，“八匹马”也拉不回。这也验证了马太效应。

贝壳姐也查了很多资料，找出了部分大中城市2015年的统计公报，综合近4年来人口的增加量和增长率两个指标来看，天津、北京、深圳、郑州、武汉等城市，不光人口增量大，而且增长率也高，是近年来人口增速最快的城市。

那有的小伙伴就会问了："要怎么查询统计公报呢？"大家可以到中华人民共和国国家统计局的官网上进行查询，网站上的信息非常详尽，既有经济普查公报，也有人口普查公报；此外，还有中国统计信息网，在这个网站中，大家可以查到每个城市的国民经济和社会发展统计公报。这些都是官方数据。

当然，判断一个城市房价走势还要考虑其他因素：城市发展潜力、交通情况、人口情况、教育情况、环境情况、二手房市场交易情况，还有金融市场是不是够活跃，以及市政府对房地产的态度等等。

精彩音频　即扫即听

银行理财这样买

购买银行理财产品需要用到的投资思维

很多人希望贝壳姐能帮助他们做个人家庭理财规划。由于每个人每个时段的财务状况、家庭状况不同，现在做的规划，也许一年、甚至几个月后就不适用了，所以规划是需要实时调整的。那么与其老纠结请人做规划，不如学会自己做规划。所以，我在此跟大家分享，我是如何做理财规划的。

说到银行理财产品，大家会觉得种类好多，每家银行都几乎同时推荐着好几款理财产品，看得我们眼花缭乱，最终只好啥都不管，只看收益率高低来选择购买，可实际上往往这样反而容易吃亏，因为收益率最高的往往是浮动型理财，实际上有些产品并不能承诺达到，反而浪费了投资时间和收益。

普通人要如何辨别银行理财产品呢？

先说银行的分类，大多数人都只知道四大国有银行，还有10多家民营银行，但是往往会忽略外资银行。其实有些外资银行的门槛也不高，10万元即可，理财产品品种丰富，收益率也不错，关键是服务态度好，一般都有专人一对一服务。比如我观察了12家外资法人银行，其中汇丰银行、东亚银行等都比较重视中国市场，经常推出高收益率的保本型理财产品。

再说到理财产品，涉及各种专业词汇，我们老百姓是难以看懂的，但是我梳理了下，甭管它叫什么名称，从本质上我们来简单区分就只有三种：

一是基本能收回本金且固定收益率的产品。这种产品安全性比较高，但是通常收益率比较低，一般这类产品都是银行募集后用于投资货币市场或信托产品的。

二是基本能收回本金但浮动收益率的产品。这个产品能保证本金不受损失，但是收益率是浮动的，签定合同的时候，会有个浮动的范围，安全性次之，这种产品一般都是挂钩于汇率、国际黄金、国际原油、股票指数等，或者是投资境外项目的。

三是浮动收益率的产品。这种产品安全性最差，但是给出的收益率往往最高，非常诱人，这种产品和前面一种一样，都是挂钩型和代客境外投资的，只不过收益率浮动

精彩音频　即扫即听

上限更大。

大家记住看两条：是否基本能收回本金，是否浮动收益，这是关键指标。

对于我们老百姓来说，买理财产品并不能赚多少大钱，我们首要的是保证本金安全，这是我们的第一考虑。一旦本金受损，对我们的影响是巨大的。

因此买理财产品的选择第一要素是选基本能收回本金的理财产品。我们可以用分散投资的思维去考虑，一部分资金买保本且固定收益率的产品，这个类型收益率相对低，但是很安全，我们可以考虑买个中长期的，就当存定期，中长期的收益相对比短期的高一些。一部分资金买保本但浮动收益率的产品，当然这类产品要谨慎选择，尽量选择信誉好、收益高、产品线丰富又容易买入的银行来操作。

我给大家两条建议：

建议一：现在是个网络发达的时代，大家可以上网查到所有银行理财产品的发行情况，比如百度财富、银率网等都有很详细的理财产品分类及排名情况，但是建议大家多搜看几家网站比较筛选，因为光看一家网站不一定准确，不可偏听偏信就是这个道理。

建议二：很多好的理财产品，因为额度有限，通常都是内部认购，即需要预约，甚至是需要抢的。那么要么你直接前往银行理财柜台进行预约买入，要么你就得有个熟悉的、专属的银行理财经理来协助你。那这里面就涉及一个问题，那么多银行，普通人不可能每家都熟悉，那么就要寻找经常在发行优质理财产品、信誉口碑相对好的银行来办理理财业务。以我的经验，比如招商、兴业、中信和几家外资银行产品线相对丰富、收益率相对高。

另外不得不提，服务水准和态度方面外资银行显然更到位。以我个人的喜好，我通常会同时持有上述几家银行的卡，然后看哪家有合适产品了，我就购入。

最后贝壳姐想说的是，我在理财方面是个求稳当的人，我想这也符合大多数老百姓的心理，因为是普通人，所以受不起投资理财的失败，安全是最重要的。因此，如果大家手上有一笔闲钱买理财，建议用分散投资的思维方法，把本金的50%用于购买中长期能收回本金且固定收益率的理财产品，50%用于购买能收回本金但浮动收益率的产品，但是这类产品适合买短期和超短期，最大限度保证风险可控，也可以用来应对家庭的不时之需，担当起备用金的功能。

银行理财产品：结构性理财产品VS净值型理财产品

大多数人走进银行买理财产品，可能都会直接找收益率最高的产品来购买，那是因为大家往往觉得很安心、本金有保障，自然挑收益率高的买。但是2018年4月27日，经国务院同意，中国人民银行、中国银行保险监督管理委员会、中国证券监督管理委员会、国家外汇管理局四大部委联合印发了《关于规范金融机构资产管理业务的指导意见》（银发〔2018〕106号，以下简称《意见》）。在这份《意见》里，和老百姓钱袋子密切相关的就是打破刚性兑付，理财产品不再保本保收益，连保本基金也不再承诺保本。这意味着以前这些投资风险有国家给你兜底，现在所有的理财产品将不再保本，风险由老百姓自己承担。

在这样的大形势下，银行已经开始主推两大门类产品，那就是结构性理财产品和净值型理财产品。

结构性理财产品是指运用金融衍生工具（包括但不限于远期、

掉期、期权或期货等)，将投资与利率、汇率、股票价格、商品价格、信用、指数及其他金融类或非金融类标的物挂钩的金融产品。这种产品的回报率通常取决于挂钩资产(挂钩标的)的表现，也分为浮动收益类和固定收益类两种。浮动收益类的结构性理财产品风险比较高，虽然不管市场是涨还是跌，都有可能获得较高的收益率，但前提是必须对市场大势判断准确。这样的产品就比较适合较为专业的投资者，尤其是那些对挂钩标的有相当研究的投资者。固定收益类的结构性产品比较好理解，即银行在实际操作中以固定利率进行兑付的产品。

净值型理财产品是银行现在主要推荐的一种理财产品，与结构性理财产品相比，投资范围更加广泛(标的除了传统理财产品投资的货币市场交易工具外，还包括券商集合计划、基金专户、ETF等资产)。形式也完全不同，它就好比一个开放式基金，在每日、每周、每月等固定周期公布净值并开放申赎，没有了固定的投资期限和预期收益。

举例来说，假设大家购买时产品的净值为1，到了下一个开放日，如果产品净值变为1.2，则收益就是1.2−1=0.2；如果净值变为0.9，则收益为0.9−1=−0.1，也就是亏损0.1。这类理财产品流动性比较强，在每日、每周、每月等固定周期公布净值并开放申赎，但是完全不能保证本金。

对于这两类理财产品的选择，我们要评估自身的经济情况和投资风险偏好，了解产品的投资方向。产品的投资方向直接决定了它可能遇到的风险和收益，所以在选择理财产品时，我们要对所要购买理财产品的投资方向做一个了解，如果自己不理解，一定要请银行的客户经理解释清楚再购买，因为产品的投资合同往往专业词汇多，又很冗长，大多数人是没有耐心去自己弄明白的。所以就要多问问客户经理，尤其要搞清楚这款理财产品什么时候能赎回，是否有手续费，万一有急事能不能临时提前赎回，不保本的情况下最多可能导致损失多少本金，自己是否能够承受这些风险等问题。

绝大多数的普通上班族，每月工资基本是固定收入，而且多数工资处于中等水平，月收入在3 000元至15 000元之间。所以很多人都很在意两个问题：一是保证本金安全，二是在保证本金安全的前提下，收益率越高越好。说到投资风险偏好，一般来说，可以分为三种类型：积极型、稳健型和保守型。不同类型投资者在选择理财产品时会有所不同。大多数选择买理财产品的人都是风险厌恶者，那就可以选择固定收益型的结构性理财产品；如果觉得自己能够承受一定的风险来博取高收益，那可以选择浮动收益型的结构性理财产品；如果风险承受能力再强一点，那可以选择净值型理财产品。如果资金充足，可以分散开来配比多种类型的理财产品。

想要低风险的理财好工具，试试购买收益凭证吧

说起理财产品，可能很多人直觉反应就只有银行，其实金融机构里还有证券公司也提供大量的理财产品，其中有一种特殊的理财产品只有在证券公司发行，还能够在当下稳妥还本付息，那就是“收益凭证”。

很多人可能会觉得陌生。如果你也是第一次听说的话，那么请允许我来为你介绍一下这个“收益凭证”吧！

贝壳姐用一段专业的话来解释：收益凭证是指证券公司发行，以私募方式向合格投资者发售的投资工具，约定本金和收益的偿付与特定标的相关联的有价证券。特定标的包括但不限于股权、债权、信用、基金、利率、汇率、指数、期货及基础商品。

通俗点说，收益凭证类似短期债券，证券公司向客户借钱，然后约定期限（一般都是1年内的短期）还本付息。

上面这个名词解释也许有点难懂，大家只要记住，收益凭证

就是证券公司向投资者借钱的一种契约就可以了，你可以理解成这是证券公司的“存款业务”。

大家一定最关心这类产品的可靠性。众所周知，目前国内大多数券商都是国有制股份有限公司，它们公开发行收益凭证都需要通过证监会的许可，其安全性与银行理财产品基本一致。

我们在选择券商的收益凭证时需注意券商的规模和资质，证券公司的信誉越好，越有保障，因为任何金融产品都存在一定的风险性。

收益凭证对于券商而言是表内负债。也就是说，对于收益凭证按照约定收益率去兑付，券商是负有法定责任的。换句话讲，只要券商不破产，固定收益型的收益凭证都是保本保收益的。

这一点其实是优于银行理财产品的，因为现在银行是不对理财产品承担保本保收益的义务的，因此理财产品多用“预期收益率”来描述可预期的收益。对于银行而言，理财资金属于表外负债，预期收益是否兑现全凭银行的良心和对声誉风险的看重，实际收益率可能并不理想。而针对多数保本保收益型的收益凭证，证券公司往往会以自有资金保障产品的本金及到期收益支付，除非证券公司账户出现冻结、破产等极端情况，才会导致证券公司无法履行承诺。

除了安全性，收益凭证还有不少优点：

首先，投资期限灵活，有3个月、6个月、9个月、12个月、24个月等多种期限的产品可以供大家选择，当天购买，第二天就开始计算利息；

其次，投资门槛低，只要5万元起步就可以认购产品，追缴认购金额一般为1万元的整数倍；

最后一点，也是最重要的，购买很方便，因为收益凭证属于低风险产品，无需前往营业部现场办理，只要打开券商的网上交易系统或者是手机APP就能完成相关的认购操作，操作中遇到困难可以拨打券商的客服电话进行查询。

明白了收益凭证的这么多优点，大家在实际购买的时候还要注意区分收益凭证的种类。

事实上，收益凭证分为两大类：固定收益型收益凭证和浮动收益型收益凭证。固定收益型收益凭证是指收益凭证具有固定的年化收益率；浮动收益型收益凭证挂钩特定标的，在享受固定收益的同时，还可将投资者对于市场的判断转换为投资价值，通过期权的方式扩大投资收益。

举个例子来说明，假设你用5万元的闲置资金购买了某固定收益型收益凭证。这个产品预期年化收益率5.7%，期限为90天。那么这个产品在到期日可以获得的预期收益为：50 000×5.7%×（90/365）=702.74元。最终结算的资金是本金+固定收益。

那浮动收益型收益凭证怎么“玩”？

也很简单，收益与挂钩标的相关，可挂钩的标的包括股票指数、股票、商品期货等，到期所能获得的收益与挂钩标的在此段时间内的涨跌幅相关，如果涨跌幅在约定的区间之内，最终结算的资金是“本金+固定收益+挂钩浮动收益”部分；如果涨跌幅不在此区间，则最终结算的资金是“本金+固定收益”。浮动收益型收益凭证的收益率有时候上限能超过 10%。

最后大家还要注意，收益凭证是限额的，不是想买就一定能买到，所以在购买之前最好先和证券公司的客户经理进行预约，签好相关合约。

股票这样买

炒股小白，可以从记录开始

记账，是最基础的理财方法之一，它能让你清楚地看出某月、某季、某年自己的收支状况，并很快分析出哪些花销合理，哪些支出浪费多余，钱是否用在了刀刃上。这能让你对自己或家庭消费能达到的水平和所属阶层一清二楚，不至于糊里糊涂地过日子，也督促你更加理智地规划未来。

联想到炒股上，无论新老股民，买卖股票的种类、一年交易的次数可真是不少，很多散户买卖完一只股票就像猴子掰苞谷一样，再也不看不管了，这样做其实是既不合理也不科学。如果我们能长期关注某几只股票并对它们加以记录，就会像养宠物一样，对这几只股票产生感情，对它的脾性了如指掌，对它的情况如数家珍，何时价位买进，何时价位卖出，就有了灵犀，操作起来也会得心应手、顺风顺水，感觉像自己在坐庄。

股市散民始终是庄家的口中肉，如果小散户自己肯花时间把每笔股票交易的买卖时间、价位、股数、持仓成本等用记账的方式记录下来，经常翻翻、看看、想想，对初级股市交易者来说，不失为一种好方法。再买卖股票时，心态会从容平和很多。我们一旦做到心中有数，无论做什么事就会不慌不忙，不急不燥，沉稳持重，就会减少盲目冲动的下单次数，遇到再大的风浪也会用脑去评判，用心去体会，不会人云亦云随大流。交易心态一旦平稳下来，交易水平立马就会前进一大步，交易状态也会上一个大台阶，同时离赚钱也就不远了。

有人问："怎么做记录呢？有没有什么好用的软件？"贝壳姐自己这么多年用过来，最好用的就是EXCEL表格。因为是亲自记录，数据来源详实可靠，没有欺骗性，分析评判股票的准确率会高很多，另外表格里的数据分类排列，一目了然，也能让我们尽早发现交易中存在的不足。

另外，表格里的数据都是原始记录，我们在记录时一定要用标准数据，是多少就写多少，这样才能保证数据的真实性。我们做的分析更是建立在有理有据、客观公正的基础上，不会差之分毫，失之千里。而每笔交易成功在哪、失败在哪、为啥亏钱、为啥挣钱、钱挣在哪支股上、亏在哪支股上、成功原因、亏损原因等等，记录得清楚详细，一看就明白。下次再交易同类型股票我们就会引以为戒，不会盲目下单，不打无准备之仗，避免犯致命的错误，不会被外界的眼花缭乱的信息搞得晕头转向，也能让我们对自己的交易风格有个基本的认识。比如，自己一年交易了多少次，买过多少只股票，操作频率有多快，是适合短线还是中长线，对自己的性格了解得更清楚透彻，对适合的交易模式有了比较准确客观的评判。

在这里，我想把这个记录方法再说详细点儿，有兴趣的读者可以记录下：打开Excel表格，在同一行分别输入以下名词：买入日期、股票代码、股票名称、成本价、数量、总价、卖出日期、卖出价、盈亏。记录这些名词这是为了让自己以后能慢慢了解操作一只股票买入卖出的全过程的情况，虽然每个股票操作软件都有成交记录和交割单可以查，但是总没有自己做的这个表详细，

我们记录一遍还可以加深印象。

不过这里要注意三点：第一点，我们需要记录的不是买入价而是成本价，要加上佣金和税费；二是要注意，看自己操作一个股票的全过程用了几天时间，资金流转的时间成本也是我们需要关注的；三是盈亏率，这个指标能真实反映出你的炒股水平和赢利情况。

大家一定要谨记，我们炒股的目的是为了挣钱，想改善自己的财务状态，增加外来收入，使自己生活更美好。但实际上往往事与愿违，很多人会亏本。毕竟在股市上，挣钱的人总是极少数，要不然也不会有“七亏二平一赢”这种说法。怎么能进入到“一赢”的行列，是每位股民需要开动脑筋多思考和花大力气、下狠工夫的“硬框框”，没有捷径可走。成功者也是经过反复试验总结，不断试错改错，一点一点逐步改进提高，比常人投入了更多的时间和精力，才最终采摘到胜利的果实。

天道酬勤，功夫不负有心人，让我们大家一起行动起来，买卖股票，就从记录开始。

新手在动荡股市中的心态调整

前面我们说了要学会用excel表格记录炒股，很多小伙伴就着急问：“新手入市该用什么工具炒股?”有不少刚炒股的人会认为，炒股一是靠直觉，二是小道消息。但真实的情况是，直觉这东西完全是自己瞄一下K线图，觉得跌下来就踩进去，或者追涨，结果要么十踩九空，要么获得蝇头小利；而小道消息就更不靠谱了，经常容易高位被套。这些情况,相信每一位初入股市的新手们都经历过。这里贝壳姐就讲讲，新手在股市动荡中该怎样调整心态。

新手在入市以后通常会有三种表现：

一是伤不起的自以为是，俗称“玻璃心”。

刚入场第一次就红了的新人，大多是把股市想得太过简单了，觉得赚钱就像切菜那么简单，都是有点儿自以为是，逢人就介绍自己在股市的神勇成绩 。而实际上股市的风险无处不在，没有碰到是因为运气好，碰到了，别说笑的机会没有了，很有可能会哭出来。

二是赌徒式的急功近利。

大多数新手进场后都会连续买好几只股票，就像捞鱼似的，以为面铺开，广撒网，坐等收网就好了，开始还会感觉到这里面的某只股票随便涨一点点就会有不少的收入。但实际上犯了大忌，一旦遇到大跌,手上没有现金加仓救急,基本上就是等死的节奏。一个新手就像一个输急眼的赌徒，在他眼里赚钱的重要性已经超过了技术性的操作，恨不能赚不到钱就扛炸药包了。

三是跌不起的惊弓之鸟。

如果股票上涨，新手们往往兴奋不已，在自己的理想高位抛售股票，结果抛售后，好股票如果还在继续飙，他们就会后悔不已。那如果股票有一点跌，新手们都会精神委靡，只要有点风吹草动，清仓是新手们都会选择的处理措施。事实上，小散们追得快，散得也快，因为他们都是经不起风吹草动的小散，跌不起。这样的新手血压就跟K线图的走向一样，心脏不好的还是不要投身股市了。

那我们想通过投资股票赚钱，应该怎么做呢？

首先是学习。

新手尤其是什么都不懂的时候，应该买一些书来学习或者听听一些讲座了解股票相关知识，毕竟靠直觉判断这种东西，实在有点玄。有的人会说那谁谁谁不就是“股神”，一炒股就赢，难道是假的

精彩音频　即扫即听

吗？很多炒股高手每天不抽烟不喝酒没有娱乐时间，就是不断的研究股票走向，分析市场。在股市沉浮，终究还是要靠我们实际对股票做出正确的认识和判断，才会有科学的成果产出。在任何时候学习都不晚，越是震荡越要学习，因为心中有底气，才能无所畏惧地面对股市的一切奇葩表现，至少你会比菜鸟要淡定，至少你永远不会满仓操作。

其次是止损。

抛开股市的行情，我们炒股最终的结果也应该建立在保本基础上去追求盈利。所以，按照这种模式来说，作为新手应该适当控制风险，在买入股票的时候可以分次买入，也应该学会T+0的加仓模式，确保盈利。T+0的加仓模式简单地说就是，比如你手里的股票有1 000股，股价是10元，某天下跌到9.5元，买进1 000股，在当天收盘前以高于9.5元的价格卖出1 000股，赚差价。T+0还有多种模式，网上有各种解答，大家可以自行查询。其实股票买卖最考验人性，需要大家在大涨面前坚决执行止盈，在大跌面前执行止损，这些都是反人性的，但是确实越能坚决执行的，越能做好。

再次是耐心。

心态是我炒股以来最大的感悟。没有好的心态，炒股迟早是要交学费的。我看了很多股票类的书籍，我发现股票高手们无一不是做了很多的功课，做了很多的调查研究，但最重要的是，高手们都懂得在研究分析的基础上摆正心态，从容不迫地在股市里获利。炒股绝对不能着急，要有耐心。

再者是高度的警惕性。

股市是没有硝烟的战场，资本的博弈是残酷的。我曾经和身边的朋友说："我们要踩着无数小散的尸体从机构嘴里去叼块肉是不容易的。"事实也确实如此，听上去就是这么残酷，肉不是那么好叼的，要是没有更灵敏的警惕性、更清醒的预判能力，别说叼肉，自己都会被吞噬，所以每天空下来看看大盘，保持盘感是非常重要的。

最后是不要随意抄底。

贝壳姐要特别强调"不能随意抄底"的重要性，有些人能幸运地逃顶或避灾，但是更多的高手被套牢在抄底的时候，抄在"半山腰"的情况屡见不鲜。尤其是我看到很多人从什么渠道听来一个消息，既不考证消息来源，也不仔细研究下个股大盘，就盲目抄底，结果抄在了"半山腰"，然后哀嚎一声，套牢底坐得难受了，壮士断腕式的开始割肉，实在是"机构最爱的送肉小散"。

什么是底？首先我们看历史上A股的大底，1990年以来上证综指经历了5次大幅下跌见底：

第一次：1994年7月28日，指数跌至339点；

第二次：2005年6月6日，指数跌至998点；

第三次：2008年10月28日，指数跌至1665点；

第四次：2013年6月25日，指数跌至1850点；

第五次：2016年1月27日，指数跌至2638点。

如果仔细观察就能发现，历史上的5次大底出现都具备三个特征：①整体估值低，使市场重新具备了投资价值；②政策底出现，各种政策性救市动作不断；③社会经济局势好转，形成市场底。

所以，只有估值底、政策底、市场底三者共同发生作用的时候，才是股场真正的“底”。等到大底形成，逆转的趋势确立，才是可以抄底的最佳时机。

我是这样开始买第一支股票的

都说万事开头难，股票新手入门也是如此。刚接触股票总有种“找不到北”的感觉，所以对于想了解股票的小伙伴来说，在茫茫股海中觅得投资良机、获得投资回报，做好心理准备、资金准备和知识准备，是十分必要和迫切的。

在前面的课程当中，贝壳姐已经给大家讲了，面对股市波动，我们应该怎样保持良好的心态。接下来我们来更深入地了解一下股票。

股票，说白了是一个凭证，它是由股份制有限公司签发，用来证明股东所持有股份的凭证，它表明股票的持有者对股份公司的部分资本拥有所有权。很多散户会购买上市公司的股票，他们就成为了该公司的小股东。由于股票包含经济利益，可以上市流通转让，所以它也是一种有价证券，国内上市公

精彩音频　即扫即听

司的股票是在上海证券交易所（简称上交所）和深圳证券交易所（简称深交所）发行。当然也有不少中国的名企在美国上市发行，比如阿里巴巴就是在美股纳斯达克上市发行的。

大家想投资股票，手里就一定得有钱，这是最关键的——没钱啥也买不了。这里要注意三点：

一是资金一定得是闲钱，我们不能把家里急用钱或有着其他重要用途的钱投入股市，这样风险太大，对于入市心理的负面影响非常大；

二是我们入市资金的金额至少要超过中国股票交易的下限，至少要有几千元，因为买股票的最小单位是一手为100股；

三是我们需要存入一定量的入市资金，尽量不满仓操作。比如存入5 000元，基本就会全部买股票，这就是满仓，一旦股票

下跌，风险会很大；可以存入1万元，留一半钱用来控制仓位，万一股票跌停，还可以用这5 000元来降低每股的损失。这样有利于大家合理控制仓位，半仓操作与全仓操作对于大家的心理影响是大不相同的。

有了资金，我们至少要了解一些必要的股票交易规则、法律法规，尤其是对操作流程要有个清楚的了解。主要有三方面：一是股票的操作流程，怎么开户、怎么买卖、交易规则等；二是股票交易的费用，股票买卖是会产生费用的；三是股票挑选的技能，买卖股票总要有个逻辑，不能见到股票都猛扑上去。这三方面知识都是新手们需要了解的。

先来说说股票的操作流程：

我们首先要选择一家服务好、费用低的证券公司，如果是现场开户，本人带身份证和银行卡在股市交易时间到当地的证券公司营业厅办理沪、深股东卡,就能获得一个资金帐户（用来登录网上交易系统）。不过现场开户比较麻烦，所以大家只要网上开户就可以。

接下来我们下载所属证券公司的手机APP（是带行情分析的），用资金帐户、交易密码登陆网上交易系统,进入系统后,通过银证转账将银行的资金转入资金帐户就可以买卖股票操作了。

股票的交易主要产生3种费用：印花税、佣金、过户费。

印花税收取的费率是千分之一，单边收取，卖出股票时向卖出方收取。它属于国家税务机关收取的科目。在我国，各行各业都需要收税，金融市场也不例外。印花税由证券公司代为收取，证券公司在你进行股票交易时扣去印花税，然后上交国家税务局。

佣金属于你的开户证券公司收取的经纪费用。根据国家的规定，券商佣金收费标准最高不得超过千分之三，低于5元按五元收取，最低收取5元。可以说佣金是各家证券公司互相争夺客户的必杀技，大部分券商佣金费率目前在万分之3至万分之1.5之间。佣金以每笔股票成交金额计算，不成交不收取，买卖双边征收。佣金越低越好，开户时可以券商谈判。

过户费只有上海市场收取，深圳市场的股票不收取过户费。过户费收费标准为股票成交金额的十万分之二，上海市场单边收取。所谓过户费，就是股票从卖家的账户流向买家的账户，整个股票交易过程是中国登记结算公司完成的，自然也就要收取手续费，也叫作“过户费”。

对以上的费用来举个例子，假如张三买了500股价值10 000元的上海股市的股票，佣金按万分之二收，它的费用是：佣金：10 000×0.000 2=2元，实收5元，不满5元按5元收；过户费：收0.2元。总费用是5+0.2=5.2元。假如买的是深圳上市股票，没有过户费就为5元。那如果是卖出500股总价10 000的股票，还要加上印花税10元，交易成本就是15.2元。

接下来，我们简单聊一下股票的交易规则。

（1）股票的交易单位称做“股”，100股=1手，委托买入数量必须为100股或其整数倍。

（2）交易时间是星期一到星期五，每天上午九点半到十一点半，下午一点到三点。

（3）交易原则是价格优先、时间优先。价格较高的买进委托优先于价格较低的买进委托，价格较高的卖出委托优先于较低的卖出委托；同价位委托则按时间顺序优先。

（4）当天买入的股票要第二个交易日才能卖出，即T+1。当天卖出股票后的钱，当天就可以用来买入股票，但是当天是不能取现金出来的。

我一直觉得股票投资是很灵性的，有兴趣了解股票的朋友可以阅读书籍进行学习，推荐一本书——《战胜华尔街》。这本书的作者是彼得·林奇，他是全球首屈一指的投资专家，他对投资基金的贡献就像是乔丹对于篮球的贡献，可以说他将选股变成了一门艺术。他管理的麦哲伦基金，在13年内从管理资产2 000万美元增值到了140亿美元，年平均复利报酬率达到了29%，成为了世界上最成功的基金。1990年，彼得·林奇退休，从此开始他的写书之路。《战胜华尔街》就是彼得林奇多年以来的投资自传，在书中他归纳了25条投资黄金法则，直到今天这些投资法则仍然有效，可以说这本书是学习投资理财的入门辅导书，希望大家能够在书中找到自己投资股市的入门钥匙。

股票投资新手不可不知的那些事儿

投资股票对于个人和家庭来说是一种合理的投资渠道，能够分享优质上市公司成长和中国经济发展的红利。但是股票作为一个新鲜事物，在中国发展历程比较短。我个人觉得股票是一种历史潮流，我们作为普通人应该顺势而为，你不参与，中国经济还是会向前发展，成百上千的中国企业还是会通过股票上市融资。当然我不是盲目鼓动大家每个人都投资股票，毕竟每个人的情况不同，喜好不同。

客观来说，炒股和任何行业都是一样的，都需要付出大量时间与精力。大家应该都听过“一万小时定律”，是作家格拉德韦尔提出的，“人们眼中的天才之所以卓越非凡，并非天资超人一等，而是付出了持续不断的努力。只要经过1万小时的锤炼，任何人都能从平凡变成超凡。”要成为某个领域的专家，

需要10 000小时，按比例计算就是：如果每天工作八个小时，一周工作五天，那么成为一个领域的专家至少需要五年。这就是一万小时定律。你只有成为行业顶尖人才，才能赚取更多的收益。所以和任何行业一样，回报与付出成正比，炒股也不例外。炒股需要长期持续地投入时间精力，那些妄想轻松在股市赚到钱的人是非常不现实的。如果想进入股市，你就要做好好学习的准备。

那很多人会想，炒股值得我付出吗？那么我就给大家算算炒股能赚多少收益。比如投入股市五千元，这个数目并不算多，中国股市以中短线为主，我们按月来计算。假设平均来算，每个月只有10%的收益，五年后5 000元将变成150多万，你也是个百万富翁。如果你觉得百万富翁也太难了，你只想在股市赚个奶粉钱，再假设平均每个月只有5%的收益，五年后5 000元的投入将换来9万多元的回报。那我想9万多也足够给你的孩子买奶粉了。五年能有将近20倍的回报，你也是值得的。所以股市是大有可为的，当然一分耕耘，一分收获，你不懂也不研究，只凭运气，那么最终可能连奶粉钱也赚不到。

有很多朋友问我炒股票难吗？我觉得炒股票不难，因为影响股票的因素就那么几个，你只要勤奋用心，很快也能从生疏到精通。就算我们比不上机构，能获得有价值的信息，但我们可以从图形上分析机构的动向，图形对所有人都是一样公平的。作为散户，我们也有自身的优势，我们的资金小，灵活性是机构投资者们望尘莫及的。

现在给大家谈谈我自己的心得。

（1）如果你不知道这支股票为什么会涨，又为什么会跌，建议你不要买。因为就算买了，你也会担心，因为心里没有底。

（2）买卖股票一定要形成自己的风格，同时为自己定下严格的规矩。形成自己的投资风格需要我们经常反思自己，不断调整，而不是要你执着于一条道走到黑。在设定止损点上，就应该坚决执行。炒股最难战胜的是自己的心魔。在股市，保住本金才是最大的原则。千万不要想：我卖了，万一涨了怎么办？即使那是真的，也不要烦恼，起码你保住了本钱，日后你就有翻身的机会。

（3）最重要的一条就是：坚持就是胜利！谁能坚持到最后，谁才是最后的赢家，像巴菲特一样活得够久，坚持得够久，才可能成为人生的赢家。

所以，我建议打算通过炒股赚钱的朋友，一定要坚持锻炼身体。因为炒股需要大量时间精力分析，有一个好身体会让你反应更快，逻辑分析能力更强。炒股也多少会有精神压力，运动能让你的身体素质加强，出汗能让你排解压力。最后，炒股赚到钱了，你也能有个好身体去享受。

那再来说说股票投资的分析方法，主要是基本分析和技术分析两种方法，它们之间既相互联系，又有重要区别。两种方法的相互联系之处主要表现在投资决策的具体应用上——技术分析要有基本分析的支持，才能避免“缘木求鱼”。

主要说说两种方法的区别。基本分析法是通过股票相关要素进行详尽分析，比如决定企业内在价值和影响股票价格的宏观经济形势、行业发展前景、企业经营状况等，然后大概测算上市公

司的长期投资价值和安全边际，并与当前的股票价格进行比较，形成相应的投资建议。这个比较好理解，归纳起来就是看这个公司是否值钱，当前的股价是否和它的实际价值有利差，如果有，那就有获利的空间。如果当前的股价已经高于它的实际价值，那就缺乏获利空间，不要买入。

技术分析法是以股票价格作为主要研究对象，以预测股价波动趋势为主要目的，从股价变化的历史图表入手，对股票市场波动规律进行分析。

在了解技术分析方法之前,我们先要了解个股的四个价格：开盘价、收盘价、最高价和最低价。开盘价：以竞价阶段的第一笔交易价格为开盘价，如果没有成交，以前一日收盘价为开盘价。收盘价：是指每天成交中最后一笔股票的价格，也就是收盘价格。最高价：是指当日所成交的价格中的最高价位。最低价：是指当日所成交的价格中的最低价位。

那还有一种特殊的情况，就是这四个价格都在同一价位。有以下3种情况：第一种是涨停：开盘就以涨停价开出，至收盘为止，涨停未被打开过，全天均以最高价成交，说明买盘旺盛，该股属于强势股。第二种是跌停：开盘就以跌停价开出，至收盘为止，跌停未被打开过，全天均以最低价成交，说明这个股票属于弱势股。最后一种情况是交易非常冷清，全日交易只有一档价位成交。投资股票的理想状态就是要在最低价附近买入，在最高价附近卖出，那就肯定赚钱了。

尽管股民都知道,股市有风险,入市须谨慎。但少数股民往往想一夜暴富，手中个股天天涨停。有的新股民运气好，一入市就赚到了钱，于是就忘记了股市风险；有的遭遇挫折以后就畏手畏脚，错失时机。这些做法都不可取，我们真的要时刻牢记股市“高收益、高风险”的特性，“胜不骄，败不馁”，在挫折面前不灰心丧气，避免作出错误的决定；在赢利面前要懂得及时落袋为安，只有这样才能真正防范风险，避免不必要的损失。

这样做股票也可以成为一种固定收益类投资

有人说："炒股是人生的最后一份职业"。要在股市上学会夹缝中求生存绝不是简单的事，我们要做好花时间和精力不断学习的思想准备。本期主要给大家讲一讲，怎样判断股票是可以产生固定收益的。

A股市场上目前上市交易的股票有三千多只，涉及各行各业的各个门类。我们想从中选出符合国家政策导向和预期，行业前景看好，公司也有发展前景，拿住放心、安心的股票，怎样在这三千多只股票里选，就够大家劳神一阵子的了。

这还远远不够，要想做好股票投资，我们还得会看财务报表，还得再了解下上市公司的领导班子是不是一个开拓进取的好团队，还得要学会看K线图，了解一下各类线的作用及各个技术指标的用法和注意事项等等。那么多复杂的事情，

对于新手来说，没有一年半载是搞不好股票投资的。因为我们这本书是面向理财小白的，所以贝壳姐在这里就教大家一个最简单的投资股票的方法，让股票也可以成为一种固定收益类投资。

看到这里，大家也许会有疑问，股票怎么可能是一种固定收益类投资呢？当然股票本身并不是，但有些股票，我们可以把它看作是固定收益类品种。这些我称之为“固定收益类”的股票就是每年都持续高分红的股票。举个例子，我5块钱买入某股A并长期持有，一年后股A每股分红0.5元，那么忽略掉股A的波动，忽略掉账户上的浮盈或浮亏，这一年我的收益率就是10%。这种股也称之为“养老股”，即买入后可以一直持有到老的股票。即使在漫长的熊市中，股A一路往下跌，但只要我不卖出，只要股A每年持续稳定地分红，那么我就可以拿到这类似于固定收益的分红。

先说下现在市场上的一个普遍现象，那就是大蓝筹股票分红多，创小板股票分红少。（蓝筹股多指长期稳定增长的、大型的、传统工业股及金融股。这类股票所属的上市公司的特点是有着优良的业绩、收益稳定、股本规模大、红利优厚、股价走势稳健、市场形象良好。）造成这种现象的一部分原因是大蓝筹企业一般都处于成熟期，企业的盈利模式都已经固定下来了，每年净利润的一小部分就可以应付企业的各项支出了，企业留着这么多钱也不能为投资者进一步创造新的利益，那还不如把这笔钱退回给投资者。而创小板的企业因为还处于快速成长期，公司每年的净利润本身就没有大蓝筹这么多，与其把利润分配给投资者，还不如自己加大开发力度，这样明年可能就会产生更多的利润，股票可能

涨得更多，所以处于成长期的企业不分红反而能使投资者的利益最大化。

那么接下来，高分红的股票该如何选择呢？主要看两个指标：

第一个指标——分红比例：即现金分红与净利润的比例；

第二个指标——股息率：即股息与股票价格之间的比率。

我们来看下公司每年的分红情况，公司每年的分红情况可以从两个指标来看——股息率和分红比例。我们先来看下雅戈尔（代码：SH600177）近四年的分红比例。参看上市公司股东的净利润比率：2016年为34.71%，2015年为46.8%，2014年为35.2%，2013年为81.88%，从这些数据里我们可以看到，雅戈尔每年的分红是相当可观的。2013年的分红比例达到82%，意味着公司在2013年赚到的钱中，其中82%的钱都反馈给了股东。这个比例是非常大的了，一般公司能拿出30%的利润来分红就已经是非常大方的了，毕竟现在处于实体经济弱势期。

我们再来看看怎么用好股息率这个指标，我个人认为股票的股息率大于7%就很有投资价值了，如果股息率在10%左右就值得重仓了，这时候买入该股，即使股票在未来的一年不涨不跌，我们也可以通过分红拿到10%的收益。如果股票在未来的两三年继续下跌呢，这时我们不应该止损，因为我们仍然可以每年拿到10%的收益，这也是为什么高股息率的股票被称为养老股的原因。

选择高分红股票时还有两点需特别注意。

第一点是分红的持续性与稳定性。

这个是说，我们在选择高分红的公司时，不能只看公司今年的分红，而是应该往前多看几年，只有每年都持续分红，并且每年分红都是稳定的或增长的，这才是好的高分红标准。以安源煤业（代码：SH600397）为例，14年每十股派5元，13年没分红，12年也是每十股派5元，再前一次分红就要追溯到05年了。14年分红后安源煤业为3.35元，这时它的股息率竟然高达14.9%，但是我们以3.35元的价格买入并不能保证在股票不涨的情况实现14.9%的年化收益率，因为该公司没有持续分红的历史，如果明年公司不分红了，或者分红少了，那我们都不能实现14.9%的收益率。

我们在选择高分红的公司时要注意的第二点就是要关注公司盈利的稳定性与增长性。因为公司的分红都是从净利润里拿出来的，如果公司的盈利逐年下降了，那么显然公司就不能稳定分红了。所以，还要关注公司年报公布的净利润增长率。

少分红甚至不分红的公司我们无法判断它是否是个好公司，但是高分红的公司一定是家好公司。这是因为一家公司的财务报表也许是可以作假的，但是分红却是实实在在地把钱分到了投资者手里，这个是做不了假的。如果按照这个方法,长期持有1至3个好股票,就能有一个很好的固定收益。

证券价值投资先学会行业分析

很多人刚开始想要炒股票的时候，就是单纯地想赚钱，坦率地说，这个初心虽然是赤裸裸，但确实是真的。可很多人进入股市以后，往往会发现，想要在股市里赚钱并不是一件容易的事情。对！事实上，世界上没有一件赚钱的事情是可以用“容易”两个字来解读的。天上没有白掉的馅饼。只有经过了长期的努力与学习，才能获得成功，证券亦如是。

但是当你真的迈入证券的大门，你会发现，研究股票并不单纯是买入卖出那么简单，其实能够通过研究股票触类旁通很多生活中的有趣现象，比如国外发生军事冲突的时候，你去买那些黄金类股票，那肯定水涨船高。再比如中美贸易发生争端的时候，芯片之战前所未有的成为了热点，那么有关于芯片行业的股票自然而然就受到了人们的热切关注，你跟着炒作一把，自然也能喝汤。所以证券投资并不是单纯地买卖股票那么简单，每一个股票的涨停、跌停都是有其背后的逻辑支撑的。而我们通过了解这些逻辑，不仅能喝汤吃肉，还能开拓思维开阔视野，这一切，基于我们对于股票的价值分析，还基于我们对于股票的行业分析。

什么叫行业？所谓行业，是指从事同性质的生产或经营的单位和个体等组成的结构体系。不同行业在一个国家不同的经济发展阶段以及在经济周期的不同阶段表现是不同的，因此我们就需要进行行业分析。

行业分析是个股分析的前提，通过行业分析我们可以发现近期增长最快的行业，这些行业内的龙头公司如果没有被高估，显然就是我们未来投资的理想品种。另外，我们可以通过行业分析发现目前没有被市场认识，但是未来相当长一段时间能够保持高速稳步增长的行业，这就是我们可以考虑长期投资的行业。

行业分析主要从行业的市场结构、行业的竞争结构、行业的周期性、行业的生命周期四个方面进行分析。这里面尤其要注意看行业的市场结构，就是根据各行业的情况来看这个行业控制市场的能力，可以把各行业划分为完全竞争、垄断竞争、寡头垄断和完全垄断四种市场类型。比如说：

完全竞争行业：农产品；

垄断竞争行业：纺织服装；

寡头垄断行业：钢铁、汽车；

完全垄断行业：公用事业及稀有金属。

巴菲特就喜欢选完全垄断行业的股票，贝壳姐也喜欢垄断行业。另外，行业的景气状况变动与国民经济总体的变动是有关系的，但关系密切的程度又不一样，据此可以将行业分为三类：（1）增长性行业：行业变动不总是随经济的变动而同步变动，经

济增长时高增长，经济衰退时有一定增长，比如通信；（2）周期性行业：行业的变化态势和经济周期紧密相关，典型的周期性行业有钢铁、有色、煤炭、水泥等；（3）防御性行业：行业的经营状况在经济周期的上升和下降时期都很稳定，像食品业和公用事业等。

每个行业都要经历从成长到衰退的发展演变过程，这个过程就是行业生命周期。行业每个时期的变化如下：

幼稚期：分化、衍生、新生长；

成长期：需求弹性、生产技术、产业关联度、市场容量不断呈正比例提升；

成熟期：技术成熟、产品成熟、工艺成熟；

衰退期：大量替代品，“纺织业、钢铁业、烟草业”。

我们可以根据投资偏好选择投资品种，从波段角度思考，选择成长与稳定两个时期的行业较好。

随着行业兴衰，行业的市场容量有一个“小—大—小”的过程，行业的资产总规模也经历“小—大—萎缩”的过程，行业的创新能力有一个强增长到逐步衰减的过程，技术成熟程度有一个“低—高—老化”的过程。那么，我们就要去了解影响行业兴衰的主要因素是什么？通常有技术因素和政策因素两大类。这些因素如果是有利于行业发展的，那么行业里的股票就会应声大涨，如果是不利于行业发展的，那股价就会跌。

我们可以通过对已有资料的深入研究去分析行业，这些资料可以从网络和各类上市公司的年报、各类专业研究机构查到。这里要注意，最好是能够查阅最近2～3年的情况，然后进行纵向、横向比较研究，就能获得一个比较深入的认知。

附：个股价值分析的要点总结

一、公司背景资料（公司概况、基本业务、所属板块等情况）

二、国内外经济宏观形势分析、国家政策分析

三、行业分析（行业地位、行业发展可增长性）

四、价值分析

（一）经营能力分析

（二）经理层、股东情况

（三）公司重大事项分析

（四）每年分红情况

（五）营运能力（生产能力、销售能力）指标及其分析

（六）长期偿债能力指标及其分析

（七）盈利能力指标及其分析

（八）投资收益分析

（九）现金流量分析

（十）无形资产（知识产权、专利、知名品牌）分析

（十一）实物资产（房地产、有价值的存货、设备）分析

（十二）与同行竞争对手比较

学会技术分析让股市变成“提款机”

了解了很多投资品种、投资工具，证券市场是贝姐认为最公平的投资市场之一，在这个市场里，只要你自己有眼光，能价值分析、有技术分析，就能够让股市成为你的“提款机”，不说大富大贵，让小日子滋润平和是没问题的。

前面我们讲过价值分析中的行业分析，这一篇我们来讲讲技术分析。那什么是技术分析呢？用相对专业的话来说，技术分析是一门艺术，因为它的作用在于能够帮助我们在相对较早的阶段识别趋势的反转，并且把握这种趋势，直到又有足够的依据显示或证明这种趋势已经反转。技术分析适合于任何时间进行交易的所有交易对象。

技术分析有四大要素，即价格、成交量、时间、广度。我们可以这样理解，价格就是度量投资者态度变化的工具，比如股价涨了，说明大家都看好，股价跌了，说明大家都不看好；成交量就是反映投资者态度变化的强度，意思是每个股票今天买进多少、卖出多少的量能。这里的时间则专门指衡量投资者心理周期的频率和长度，我们通常会说一个股票盘整了多少天、连续涨了多少天等等之类的话语，就是这个时间的问题。最后说说广度，证券市场就是所有投资者情绪的反映，广度就是度量情绪的涵盖范围，比如能涨多高、跌多低。这四个要素决定了一切技术分析的核心本质，任何技术分析的理论，不管看上去有多晦涩难懂或“高大上”，都是以这四个要素为基石，所以只要明白这四个要素之间互相作用的原理，就能事半功倍了。

贝姐在这里分享给大家6个股票买入的小窍门。

（1）股价稳定，成交量萎缩。在空头市场上，大家都看坏后市，一旦有股票价格稳定，量也在缩小，可以买入。

（2）底部成交量激增，股价放长红。盘久必动，主力吸足筹码后，配合大势稍加力拉抬，投资者即会介入，在此放量突破意味着将出现一段飙涨期，出现第一批巨量长红宜大胆买进，此时介入时机不错。

（3）股价跌至支撑线未穿又升时为买入时机。当股价跌至支撑线（平均通道线、切线等）止跌企稳，意味着股价得到了有效的支撑！也是一个买入的时机。

（4）底部明显突破时为买入的时机。股价在低价区时，头肩底形态的右肩完成，股价突破短线处为买点，W底也一样，但当股价连续飙涨后在相对高位时，就是出现W底或头肩底形态，也少介入为妙，当圆弧底形成10%的突破时，即可大胆买入。

（5）低价区出现十字星。这表示股价已止跌回稳，有试探性买盘介入，若有较长的下影线更好，说明股价居于多头有利的地位，是买入的好时机。这个十字星我曾经在贝壳CLUB的公开课里有讲述过，不了解的人可以去翻看公开课的内容，可以通过贝壳CLUB（微信公众号：beikeclub）来查到。

（6）股价在20日移动均线处。股价如果到了这个20日线的位置，如果能确认是强势股，则可以买入。需要强调的是，股价在箱体底部、顶部徘徊时，应特别留意有无重大利多、利空消息，留意成交量变化的情况，随时准备应付股价的突破，有效突破为“多头行情”、“空头行情”；无效突破为“多头陷阱”、“空头陷阱”！

其实，最重要的一点还是对盘面的感觉和认知，也就是盘感。当你对一个股票了解到像对你最熟悉的朋友的时候，你做这个股票一定会成功！

附：价格与成交量的关系表

	多头市场	多头市场	多头市场	多头市场
价格变动	上涨	上涨	下跌	下跌
成交量增减	增加	减少	增加	减少
相互关系	价升量增放量突破主浪拉升	无量上涨竭尽上涨控盘拉升	头部出货底部对倒吸筹	缩量调回强势整理

在股市里“活着”就是最后的胜利

在中国现当代文学史上，有一位我尊敬的作家，他的名字叫余华，他最优秀的代表作品是一部小说《活着》。放眼观现在的中国资本市场，让我联想到了这部经典的小说。

《活着》展现了一个又一个人的死亡过程，掀起一波又一波无边无际的苦难波浪，表现了一种面对死亡过程的可能的态度。活着本身很艰难，延续生命就得艰难的活着，正因为异常艰难，活着才具有深刻的含义。没有比活着更美好的事，也没有比活着更艰难的事。

这正如现在的资本市场，每次股灾洗劫，多少小散被割韭菜，还有多少人用了全家的积蓄在房价最高点买了房子，更有多少人把血汗钱投入了P2P理财却不幸遭遇跑路，不知道更有多少人选择创业最后当了炮灰……除了这些，工厂倒闭、实体店关门、基层公务员降福利、生意惨淡这些都是正在发生的事实，对于老百姓来说，这些都是难以承受之重！

近年以来，央行连续多次降息，如今一年期存款基准利率只有1.5%，目前我国真实通胀水平基本达到6%左右！也就是说，如

果你把1万块钱以定期方式存入银行一年，一年下来你的钱的购买力只剩下了9 550元了，蒸发掉了450元！并且CPI的涨幅很可能继续上升，而基准利率还会持续降低！“负利率”不仅会长期存在，而且负值不断拉大。所以普通人如果只把钱存在银行，那么钱只能越存越少。

借用小说《活着》里最经典的一句话来说：“一个人命再大，要是自己想死，那就怎么也活不了。”很多人都在上面这么多资本市场里的危局中咬牙挺着，可偏偏还是有不少人选择了在股市里“死去”，没有专业知识，没有自己的操作策略，就这样在股市里“英勇就义”，生得伟大，死得不冤。

股票作为一种投资工具，必然有其专业性，我不建议大家盲目去“就义”，我倡导的是大家经过一定时间的学习，有了自己的操作策略，才能去玩股票。不要以为在牛市的时候能够赚点钱就能在股市里“游刃有余”，通常出来“混”都是要还的。因为投资是持久战，需要跨越多周期，至少要经历一个完整牛熊的检验，能获得持续的赢利，才能去从容面对股市。

股市环境一直都险象环生，一波又一波的跌，一轮又一轮的“割韭菜”，不要说小散吃亏，就连很多基金经理们都在摇头，感叹这市场难做，赚钱很难。但是差距也出现在这个时期，一般的人就此放弃，“装死”深套其中，而睿智的人总是懂得把握时机学习，在每一轮涨跌趋势里总结、调整自己的操作策略。

那就有人会问了，如何去建立自己的操作策略？我想说，其实要建立自己的操作策略，全面来看，必须将宏观分析、基本面分析、技术面分析、交易行为的制订、风控的把控这五个方面综合运用。总之，要对自己将要操作的股票买入卖出的点位都心里有谱，而不是盲目去买卖。最后，当你有了自己的操作策略，还需要持续地动态修正。股市是一个变化多端的市场，所以需要不断根据实际情况来调整。

大家都知道，现在国内经济不景气，正在面临转型阶段，那么我们选择股票的行业一定要符合以下4个要素：

① 要有可持续发展的行业前景；

② 有广阔的市场空间；

③ 有良好的赢利模式；

④ 有独特的技术或产品；

在此基础上，还得有比较高速的业绩增长率，符合我们国家的政策导向，这样的行业里寻找出牛股、好股的可能性会比较大。

那么，我在这里主要讲四个方向。

（1）大消费版块

随着新型城镇化的进程、二胎生育政策的推出、老龄化人口占比的不断提升等，80后、90后逐渐成为中国社会的中流砥柱，他们的消费习惯、消费观念正在影响着整个中国的大消费版块。在此，我比较看好文化娱乐、教育、电器、服装、交通、保健品、老人消费品这些细分行业。

（2）大医疗版块

众所周知，医疗版块一直是在动荡的股市中比较好的防御版块，如果能配置这样的一个版块，既能防御，又有利可图，是

一个不错的选择。但是，医疗版块里也有很多小细分，我在这里重点推荐精准医疗、康复医疗、现代化制药三个方向。因为老龄化加剧，所以康复治疗会存在机遇，另一方面，各种新疾病层出不穷、癌病率提高，对于精准医疗、现代化制药，尤其是靶向药物、生物制药等都是利好因素。

（3）大科技版块

这个版块主要是讲互联网科技与各传统行业结合的产业化发展路径：主要体现在5G、大数据、高精度传感器、物联网、电动汽车等。

（4）先进制造节能环保版块

我们一直在讲经济转型,转型的目的就是要改变劳动密集型工业制造的现状,要向先进制造业发展,同时使现代产业发展符合节能环保的意识。因此，未来的行业布局里有关于机器人、自动化、新兴工业、智能物流、3D打印、污染治理等细分领域会有比较好的亮点。

以上的行业分析仅供大家参考。

我个人认为，可以在以上行业中选择一些价值低估的股票，这肯定会随着国家经济的战略部署和发展获得价值新认知，从而反映到股价上面来。

巴菲特的价值投资，怎样用在中国股市

我想给大家介绍一个概念，叫价值投资。价值投资最早可以追溯到20世纪30年代，是由哥伦比亚大学的本杰明·格雷厄姆创立的，经过著名投资商人沃伦·巴菲特的使用和发扬光大，价值投资战略在20世纪70年代到80年代的美国受到推崇。

贝壳姐为什么要讲价值投资呢?因为贝壳姐认为，在中国，能容纳大量资金的市场有两个，一个是楼市，一个是股市。过去的十年，是楼市的辉煌十年。但是国家现在针对楼市的调控和监管越来越严格，不管怎么说，楼市和中国经济的紧密度相当高，所以大跌是不容易出现的，但是楼市不会再像过去那样一夜大涨，我觉得今后楼市应该是在震荡中小幅慢慢涨，这个趋势会在很长一段时间里保持。那么，就不由得让人期待另一大投资工具，也就是股市的表现。

也许有的朋友很抵触股票投资，认为股票是坏东西，但我想在这里给大家纠正一个观念:股票本身没有好与坏之分，坏的是操作股票的人自己太贪心。股票从诞生以来在全球范围内都是投资理

财的最重要工具之一。而且，股市虽然被人们诟病无数，比如内幕交易不断等，但股市在全球范围内依然是一个相对公平的地方，无数没有背景、没有资源的普通年轻人通过股市积累了财富，跻身富豪阶层。其实这个社会各行各业都存在着内幕交易，都有关系户，而股市，不是“官二代”“富二代”年轻人完全可以凭借自己的背景和出生获得财富的，而是需要通过勤奋努力和长期的磨练，在股市中获得财富，这就是我们要的自由与公平。

精彩音频　即扫即听

如今的股市已经进入了国家强调控政策期，国家想引导股市走向健康发展的决心在日益增强，因此各类政策的出台频繁，或利好股市，或让股市有阵痛期，这都很好理解。就比如前段时间热炒雄安概念股，然后国家来降降温，跌一跌，很多韭菜被套，但是也给了更多的韭菜低位入场建仓的机会，不是吗？塞翁失马，焉知非福。但是总的目标，我们还是要相信，国家一定是想让股市健康发展，发挥中国经济发展蓄水池的功能。如果蓄水池里的资金枯竭了，那也是会对经济造成重大影响的，所以我们要耐心等待，耐心守候股市起风的时候。

当前股市已经像以往牛市来临前一样,进入了多空割据的震荡期，这种震荡期最是磨人,也最是考验人,是很好的玩心理体验的时期。在这个时期，要做高概率赢利的投资机会，就不得不面对一个问题：什么可以帮助我们反复确认这个股票有高概率赢利的投资机会？有朋友可能会认为：炒作热点题材股票，热点题材通常赢利概率高；有的朋友可能会说：“直接买该行业第一的股票，行业老大通常赢利概率高。”对，这两种都是好思路，但深究原因，行业老大是不是一般都是比较有实力的企业呢？没实力怎么做老大。那如果这个企业本身运营情况良好，最重要的是，它的股价跟它的价值比起来还属于“被低估”状态，那这样的情况下，就适合进行价值投资。如果股价已经远高于它的基本价值，那就不一定适合再买入。

有人会问：“追热点板块的热门股票，这好像跟价值投资没关系了吧？”我的回答是：“其实热门股票也与价值投资息息相关。”但凡是热门股票，肯定是背后有炒作推手的，俗称主力，主力基本上都是专业团队，主力选择炒作一支股票肯定是有其内在逻辑的，除了热门股票本身与题材有高度的关联性，其次这个股票肯定是可以给主力一定的逐利空间，也就是套利价值。这就需要股价一定是与企业价值有一定的利差才可以。

所以，大家看，不管是哪一种思维，价值投资都是核心关键。那什么是价值投资，我们普通人该怎么做呢？其实也简单，如果有一堆同行业的股票，你可以看看哪个企业负债少，哪个企业现金流最充沛，用企业总值除以总股本，就会得到一个每股的价格，再对比它在股市里的现有价格，高低立见。这样你就能得到该行业里相对靠谱的、有价值投资基础的股票，在此基础上做低买高卖，才会有高概率的赢利机会。

市场监管的力度不断，注册制的推出导致新股不断上市，市场上的股票越来越多，而资金的增量却是有限的，在这种情况下，趋势倒逼着市场回归，把资金更多地匹配到优质的企业上。同时，养老金的入市已经是板上钉钉的事情，养老金的操盘团队肯定不会随便乱买股票，肯定首选优质的有价值的股票，所以现在做价值投资已经是天时、地利、人和的好时机。趁我们未老，趁股市还没起风，大家有条件并准备投资股市的话，赶紧选择有价值投资潜力的好股票埋起来吧！

资产配置这样做

好的资产配置能跑赢通胀

一直有贝壳问我，该怎样做好资产配置、基金股票该怎样买的问题。我们还是回到一开始说的：我们理财投资的目的，就是要让我们的钱能跑赢通货膨胀，然后增值。这里我和大家讲一讲，资产配置的四大类型要点。

时光追溯到1991年，三个经济学家针对美国市场做了20年的研究，最后得出的结论——影响投资组合收益主要有三个因素：第一，市场时机的选择，占1.8%；第二个因素是产品的选择，占4.6%；而绝大部分，91.9%的收益实际上取决于人们的资产配置。从这个结论中不难得出这个理论，只有合理的资产配置才是收益的关键，这个理论最终获得了诺贝尔经济学奖。

那么，怎样做合理的资产配置呢？

合理的资产配置，是把风险型资产、稳健型资产、保本型资产、保障型资产等进行综合配置。这里面大家要注意，风险型资产主要是做长期配置的，这个可能是大家最熟悉的一种资产类型，比如股票、公募基金等。稳健型资产是做中期资产配置的，主要是银行的理财产品，还有大家不太熟悉的信托类固定资产产品。保本型资产，包含有银行的活期存款、定期存款、银行的国债，包括货币市场基金、超短债基金。说到保障型资产，大家最熟悉的就是保障型保险和黄金，黄金指实物型黄金，不是指黄金期货。

无论是什么类型的投资者，最好都在这四大类资产里面进行配置，配置的时候要结合三个原则：稳定性、收益性和流动性。

一、风险型资产

先来说风险型资产，大家最熟悉的就是股票，按照中国目前的20年的股市经验来看，散户永远是一赚两平七赔的。作为散户，无论是专业背景、操作的手法、心态的把握、团队的支持、信息的渠道等各方面都不可能和机构相比，这个大家应该承认。所以做股票，真的应该谨慎为之。

股神巴菲特曾经说过，个人投资者最佳的选择就是买入一支低成本的指数基金，并在一段时间内坚持买入，长期定投，这种长期的定投能够保证我们不会买到最低点，但是也不会买到最高点。选择指数基金的时候，尤其是定投指数基金，我们需要

看到时机，不能买在牛市的顶部。

从长期看，指数基金的收益率并不输给大家最熟悉的主动型基金，尤其是指数基金上升的阶段收益往往高于主动配置型基金。这在国内和国外的情况都已经得到了验证，因为指数基金交易费率，佣金和运营成本是比主动配置型基金少得多的。据测算，每年指数基金比主动型配置基金管理费用低2%。不要小看2%，如果要是复利计算的话是非常大的一段收益。

这里还是要说一下私募基金。在美国等西方国家，通常普通家庭都是找私募机构进行资产配置投资的，在中国，很多老百姓还不懂什么是阳光私募基金。直到去年泽熙“私募一哥”徐翔被抓的新闻上了各大媒体的头条，终于老百姓对于阳光私募有了一个基本印象，很多人发现原来阳光私募比公募基金收益高多了。

我们来说说私募的安全性。阳光私募跟公募基金资金安全上来讲，应该说是完全一样的，都是三权分立，在银行进行托管，管理权是基金公司或者是信托公司，监管权是银监会和证监会双重监管。银监会监管信托渠道，在资金安全程度上来讲跟公募基金的形式是完全一样的，大家不用担心基金经理会把你的钱拿走，或者划到别的账上干什么，这是不可能的。因为都在第三方银行进行托管，他只能在合同范围之内进行股票和基金的买卖，而这个买卖也是由公司的平台进行下单的，由银监会监管，跟公募基金是一样的。

再说说业绩。最后盈利模式的比较是重点。公募基金的盈利模式是收取每年1.5%的管理费。不要小看1.5%的管理费，一支公募基

金就是一百亿元，一百亿元就收取1.5亿元，一般一个基金公司有六到七支基金，每年轻松十个亿的收入。这是为什么大盘跌，公募基金依然没有什么太大的反应，也看不出有多痛苦，仅有很少的几个公募基金出来向投资者道歉。而阳光私募则不然，他们的盈利模式是绝对收益，靠二八分成。由于法律规定，阳光私募的投资募集人数不能超过200个自然人，每一个自然人100万起投，光靠1%~2%的管理费，都不够基金经理一两个月的工资，怎么养活其研究人员，怎么养活他们的后勤人员和老板，所以一定要给投资者争取超额收益，或者叫绝对收益。他给你赚10块，他拿2块、你拿8块，如果拿不到绝对收益的话，阳光私募靠管理费只能喝西北风。另外，阳光私募的基金经理通常都会是私募公司的股东之一，因此，他们跟公司有更紧密的利益关系，而不像公募的基金经理，干不好大不了卷铺盖，一走了之。

二、稳定型资产

稳定型资产，一般以人民币银行理财和信托的方式发售。银行理财产品可以按很多形式分类，这里以收益的来源，银行理财产品可以分普通类的银行理财产品和结构类的银行理财产品。

所谓普通类的银行理财产品，收益水平取决于挂钩的固定收益证券的表现，比如票据资产、信贷资产。结构类的银行理财产品收益除了挂钩固定收益证券，还有金融衍生产品。普通的投资者接触更多的是普通类的金融理财产品，这种产品有两个特点：第一，期限比较短，一般小于四个月；第二，预期收益率比较低，一般在2%到5%之间。

三、保本型资产

保本型资产，就是指银行的存款、国债等。实际上保本型资产，最重要的用途就是我们家庭的备用金。我们每一个家庭都有家庭备用金，那到底留多少家庭备用金算合适呢？如果你的家庭收入是每个月都有固定收入的话，一般留3～6个月的支出作为家庭备用金就足够了。但是实际上很多人的家庭备用金留得比这个多。

这里面有一个理财的误区。家庭备用金不用的部分叫冰山财富。可以试想，无论家庭备用金留了5万、10万还是50万，您的家庭备用金里面有70%是常年不用的，我建议可以将家庭备用金的60%到70%买成货币基金，一年能提供2%～3%的收益。如果说突然出现急事需要用的话，要是手里有大额的信用卡，可以提前刷卡，货币基金一般一天可以到账，也足够应对突发情况。

四、保障型资产

保障型资产的职责就是救险。这类资产是需要长期配置的，当家庭遇到重大财务风险的时候能够依靠它来化险为夷。储蓄型保险和实物黄金就是最常用的保障型的金融工具。你要拥有完备的保险计划，这个计划将是整个家庭的基座。

不管怎么样，在做任何资产配置的时候，我们首先应该按照步骤，一步步去做，制定一个适合自己的理财目标，然后再考虑如何进行资产配置，这样才能跑赢通胀，让钱生钱！

家庭资产配置：

家庭资产配置的四种定律

每一个人的背后都是一个家庭。确切地说，是七、八口人的大家庭。每一个大家庭的发展和延续都离不开对家庭资产的管理。没有金融专业知识的普通人，如何做好家庭资产管理，会是当家人一生要学习的一门艺术。管理妥当，家业兴旺；管理不善，家业没落，这是真理。

一说到家庭资产配置，不少人会觉得很难，无从下手。其实简单用一句话来解释，就是“不要把鸡蛋放在一个篮子里”。我们要把家庭的资产分成多份，并进行有效搭配，然后再根据市场的变动，对每部分资产的比重进行微调。那该怎么分配呢？不用自己搅尽脑汁去想，其实家庭资产配置常见的有四种比较简单又实用的定律：4321定律、80定律、72定律、31定律。

4321定律

家庭资产配置4321定律是由全球最具影响力的信用评级机构

的标准普尔公司调研了全球十万个资产稳健增长的家庭，分析总结出他们的家庭资产配比，从而得出的宝贵经验，这是目前国际上应用最广泛的家庭资产配置法则。

具体来说，就是家庭资产的40%用来投资钱生钱，可以投资股票、外汇、基金等有较高收益率的资产，也可以选择开放式基金做定期定额投资，每个月通过自动扣款投资，省时省力，达到强制储蓄的效果；家庭资产的30%主要用来家庭日常开支、短期消费，比如支付吃穿住行、手机费等，这部分资金不可能一次性全部花光，所以我建议大家可以把这部分钱放在余额宝、货币基金、银行7天通知存款等低风险、高流动性的产品上，这样既能获得一定收益，还能保证您花钱的时候可以很快取出来；家庭资产的20%作为储蓄备用，这部分钱通常存为活期存款或购买货币基金，在需要的时候可以方便地提出来，用于改善生活质量，比如，外出宴请、礼尚往来的“红包”、家庭应急等；家庭资产的10%用于购买保险：保险是一种长远的安排，是对日后生活的负责和保障，尤其是预防家庭收入的主要创造者可能遇到的意外情况，以免对家庭经济造成重创。尤其现在重疾、癌症等多发，购买保险有助于避免家庭因病致贫。

按照这种4321分配比例模型可以合理分配财产资源，管理控制风险，但是每个家庭的实际情况不同，不同的家庭有不同的理财目标和风险承受能力、生活质量指标，那么大家可在4321定律的基础上按需调整各项比例，不用千篇一律地去生搬硬套。

80定律

一个人的收入水平、年龄、家庭状态、资产规模等，都会影响其承受风险的程度。而80定律是针对高风险投资而言的。具体来说，80定律用于计算在不同年龄中，股票投资在财产中的配置比例，是一种非常简单直观的风险管理手段。具体公式为：**资产中投资于股票的比例=（80-你的年龄）×1%**

随着年龄的增长，每个人的抵抗风险的能力也会降低。80定律就是根据这个规律给出的一个大致的经验比例。随着年龄的增长，高风险投资占比应该在总的投资中不断下降。

需要说明的是，正确的方法应该是先用4321定律算出用于投资的家庭资产的40%总值多少，然后再根据80定律核算在这个数值内该分配多少资产于股票投资上。当然这不是固定的，大家可以根据自己的家庭资产情况和对资金的时间要求，来做协调安排。

72定律

72定律堪称“世界第九大奇迹”，就是大家熟悉的复利计算法则，即不拿回利息，将利息计入本金中利滚利产生更多收益。在这种情况下，资产翻倍的时间就可通过72定律进行计算，其所需时间等于72除以年收益率，也就是**本金增长1倍所需要的时间（年）=72/年回报率**。

比如你投资30万元在一个年化收益率为10%的投资产品上，那么资产翻倍的时间就需要72/10=7.2年。也就是说，在年化收益率为10%的前提下，7.2年以后，30万元的本金就会变为60万元。再拿比较保守的国债投资来说，年收益水平为3%。那么用72

除以3得24，就可推算出投资国债要经过24年收益才能翻番。

理解了财富积累的时间与收益率关系，就可以在不同时期进行理财规划时选择不同的投资工具。同时为了缩短财富增长周期，也可以根据复利计算结果合理组合投资，使组合投资的年回报率在可承受风险范围内达到最大化。最重要的是，如果你能够保持较高的收益率，早点开始理财，就能早一点争取更多的财富。

31定律

31定律指的是每月的房贷还款数额不能超过家庭月总收入的三分之一。例如，家庭月收入为3万元，月供数额的上限最好为1万元，一旦超过这个标准，家庭可支配的流动性资产就会比较少，面对突发状况时应变能力会有所下降，生活质量也会受到严重影响，真的沦为“房奴”。

如果按照31定律来计算可以承受范围内的房贷价钱，将会让大家避免成为真“房奴”，在有按揭贷款的时候，还能够保证较高的生活品质。

上述四个资产配置的定律，希望大家认真记下来，应用到你们的实际生活中去。相信时间会是你们最好的朋友，经历过3~5年，你们一定会同时收获家庭资产的稳健增长和家庭生活水平的不断提升。

债券这样买

低风险投资工具，还可以选债券

我们在之前的内容中有简单提起过债券，很多人一说债券就以为是国债，其实不尽然。这里我将就债券这个种类进行解释和分析，帮助大家去理解债券市场。

对于很多恐惧高风险的理财小白来说，债券无疑是一个很好的投资品种，值得大家去了解。为什么这么说呢？我先给大家来解释一下，什么是债券？债券是一种金融契约，是政府、金融机构、工商企业等直接向社会借债筹措资金时，向投资者发行，同时承诺按一定利率支付利息并按约定条件偿还

精彩音频　即扫即听

本金的债权债务凭证。债券和基金不太相同的地方是，由于债券的利息通常是事先确定的，所以债券是固定利息证券的一种。在金融市场发达的国家和地区，债券可以上市流通。在我国，比较典型的政府债券是国库券。

简单来说，我们要明白债券的四层含义：

（1）债券的发行人（政府、金融机构、企业等机构）是资金的借入者；

（2）购买债券的投资者是资金的借出者；

（3）发行人（借入者）需要在一定时期还本付息；

（4）债券是债的证明书，具有法律效力。债券购买者与发行者之间是一种债权债务关系，债券发行人即债务人，投资者（或债券持有人）即债权人。

明白了债券的含义，我相信大家就懂了，债券的本质就是借贷关系，约定本息偿还，债券的收益率会比一般的银行存款储蓄利率要高，所以适合风险承受能力较低的理财小白们。

然后我们总结一下投资债券的一些特点，主要有以下三点。

一是安全性高。由于债券发行时就约定了到期后可以支付本金和利息，故其收益稳定、安全性高。特别是对于国债来说，其本金及利息的给付是由政府作担保的，几乎没有什么风险，是具有较高安全性的一种投资方式。

二是收益高于银行存款。在我国，债券的利率高于银行存款的利率。投资于债券，投资者一方面可以获得稳定的、高于银行存款的利息收入，另一方面可以利用债券价格的变动，买卖债

券，赚取价差。

三是流动性强。上市债券具有较好的流动性。当债券持有人急需资金时，可以在交易市场随时卖出，因此，债券作为投资工具，最适合想获取固定收入又能在一定时间内处理资金的人。

债券的价格可分为发行价格与市场交易价格两类。债券的发行价格是指在发行市场上，大家购买债券时实际支付的价格，通常有三种不同情况：第一种是按面值发行、面值收回，在此期间按期支付利息；第二种是按面值发行，按本息相加到期一次偿还，发行债券大多数是这种形式；第三种以低于面值的价格发行，到期按面值偿还，面值与发行价之间的差额，即为债券利息。

债券发行后，一部分可流通债券在流通市场上按不同的价格进行交易。交易价格的高低，取决于公众对该债券的评价、市场

利率以及人们对通货膨胀率的预期等。一般来说，债券价格与到期收益率成反比，也就是说，债券价格越高，从证券公司买入债券的投资者，所得到的实际收益率越低。不论票面利率与到期收益率的差别有多大，只要离债券到期日愈远，其价格的变动愈大。最简单的解释就是，可以通过证券帐户低买高卖。

即便听上去债券这么稳妥，但任何投资都有风险，贝壳姐也要在这里跟大家着重提示一下投资债券的风险点。

① 利率风险，这是指利率的变动导致债券价格与收益率发生变动的风险。

② 价格变动风险。债券市场价格常常变化，若它的变化与投资者预测的不一致，那么，大家就容易遭受损失。

③ 通货膨胀风险。债券发行者在协议中承诺付给债券持有人的利息或本金的偿还，都是事先议定的固定金额。当通货膨胀发生，货币的实际购买能力下降，在市场上能购买的东西却相对减少，甚至有可能低于原来投资金额的购买力。

④ 信用风险。在企业债券的投资中，企业由于各种原因，存在着不能完全履行其责任的风险。所以企业债的风险是最大的。国家发行的债券安全等级最高，其次是银行等金融机构发行的债券。

⑤ 转让风险。当投资者急于将手中的债券转让出去的时候，有时候不得不在价格上打点折扣，或是要支付一定的佣金。

⑥ 回收性风险。有回收性条款的债券，因为它常常有强制收回的可能，而这种可能又常常是市场利率下降、投资者按券面上

的名义利率收取实际增额利息的时候，投资者的预期收益就会遭受损失。

⑦ 税收风险。政府对债券税收的减免或增加都影响到投资者对债券的投资收益。

⑧ 政策风险。指由于政策变化导致债券价格发生波动而产生的风险。例如，突然给债券实行加息。

那么，既然债券也是有风险的，我们投资的时候一定也要谨慎对待。考虑投资债券的时候，要注意先看债券的种类，一般政府债券、金融债券风险较小，企业债券风险较前二者大，但收益也依次增大。再看债券的期限，一般债券期限越长，利率越高、风险越高，期限越短，利率越低、风险越小。接着看债券的收益水平，由于债券发行价格不一致，投资者持有债券的时间及债券的期限等不一致，这些都会影响债券收益水平。

贝壳姐建议，大家在投资债券的时候也要注意合理组合，按照不同品种、期限长短来组建自己的债券投资组合，可以减少债券投资的风险，增加流动性、实现投资收益的最大化。

低风险高收益的债券投资真的存在吗

在上篇文章里，我讲了一些关于债券的特点和风险点，本篇我们把内容稍微再深入一点点，打开理财小白们认知债券的大门。学习理财，知识越深入，理解难度就会相应增加，知识学到了，还需要自己更多的实践才行。

债券尽管种类多种多样，但是在内容上都要包含一些基本的要素。这些要素是发行债券时必须具备的，这是明确债权人和债务人权利与义务的主要约定，具体包括以下几个因素：债券面值、偿还期、付息期、票面利率和发行人名称。

债券的分类和种类实在太多，不是专业级的理财能手很难完全搞清楚，所以我就把大家能用到的分类简单归纳了一下。

一、按发行主体划分，分为政府债券、金融债券、公司（企业）债券

政府债券很好理解，主要是政府为筹集资金而发行的债券，包括国债、地方政府债券等，其中最主要的是国债。中国历史上发行的国债主要品种有国库券和国家债券，其中国库券自1981年

后基本上每年都发行，主要对企业、个人等；国家债券大多对银行、非银行金融机构、企业、基金等定向发行，部分也对个人投资者发行。向个人发行的国库券利率基本上根据银行利率制定，一般比银行同期存款利率高1~2个百分点。

金融债券是由银行和非银行金融机构发行的债券。在我国金融债券主要由国家开发银行、进出口银行等政策性银行发行。金融机构一般有雄厚的资金实力，信用度较高，因此金融债券也有良好的信誉。

公司（企业）债券有两种：一是企业债券的发债主体为中央政府部门所属机构、国有独资企业或国有控股企业，因此，它在很大程度上体现了政府信用，也是相对靠谱的；二是公司债券的发行主体通常为上市公司，信用保障根据发债公司的资产质量、经营状况、盈利水平和持续赢利能力等情况决定。公司债券在证券登记结算公司统一登记托管，可申请在证券交易所上市交易，其信用风险一般高于企业债券。公司债券是大家可以通过证券帐户低买高卖的。

二、按是否可转换划分，分为可转换债券、不可转换债券

这里面尤其要注意的一点是：可转换债券是指在特定时期内可以按照某一固定的比例，转换成普通股的债券，它具有债务与权益的双重属性，属于一种混合性筹资方式。在深、沪证券交易所上市的可转换债券是指能够转换成股票的企业债券，兼有股票和普通债券双重特征。一个重要特征就是有转股价格。在约定的期限后，投资者可以随时将所持的可转券按股价转换成股票。

巴菲特有三条投资原则：第一条，保住本金；第二条，保住本金；第三条，谨记第一条和第二条。我们常说低风险伴随着低收益，高风险才有可能博得高收益，而我们每一位投资者想的却是低风险有没有可能也取得高的收益呢？还真别说，市场上偏偏就有这样一种低风险、高收益的品种，它就是下有保底、上不封顶的可转换债券，简称可转债。比如大家买入了一个可转债，如果这个可转债对应的股票在未来的一年多时间里持续下跌，那么可转债也会跟着下跌，这时候持有这个股票的投资者可能就会损失惨重，但是持有可转债的投资者完全不用担心，只要坚持持有到期，那时候就能以到期赎回价赎回，从而保证自己不亏损。但是，如果在未来的一年时间里，这个对应的股票股价持续上涨，那我们完全可以把手中的可转债转换成相对应的股票，赚取股票上涨带来的收益。

除了以上这两大类债券的分类，另外，还可以按财产担保划分，有抵押债券、信用债券；有按债券形态分类，还有实物债券、凭证式债券、记帐式债券等等，在此就不展开细说了，因为大家平时很少能用到。

下面讲一讲具体的投资操作。我们开立一个证券帐户，就可以像买卖股票一样通过证券帐户买卖债券了。这里面我要着重说一下债券投资的成本，主要有购买成本、交易成本和税收成本三部分组成。购买成本是大家买入债券所支付的金额，跟购买债券的数量与债券价格有关,就是本金；交易成本包括券商的佣金、成交手续费等。国债的利息收入是免税的,但企业公司债的利息收入还需要缴税。

大家要注意，公司公开发行债券通常需要由债券评信机构评定等级。债券的信用等级对于发行公司和购买人都有重要影响，一般说来，资信等级高的债券，能够以较低的利率发行；资信等级低的债券，风险较大，只能以较高的利率发行。对于我们这样的中小投资者来说，由于受时间、知识和信息的限制，没有办法对那么多债券进行分析和选择，因此简单地看专业机构对债券的评级是一个最方便的判断标准。目前国际上流行的债券等级是3等9级。AAA级为最高级，AA级为高级，A级为上中级，BBB级为中级，BB级为中下级，B级为投机级，CCC级为完全投机级，CC级为最大投机级，C级为最低级。

精彩音频　即扫即听

那小伙伴又说了，我是懒人，连这都不想看，那怎么办呢？

我这里提供两个可以参与债券投资的方法。

一是债券基金，这种基金是以债券为投资对象的，它通过集中众多投资者的资金，对债券进行组合投资，寻求较为稳定的收益。

二是债券型理财产品，投资的主要对象包括短期国债、金融债、央行票据以及协议存款等期限短、风险低的金融工具。在付息日，银行将收益返还给投资者；在本金偿还日，银行足额偿付个人投资者的本金。

然后如果有炒股的朋友，一定注意，可以充分利用国债逆回购这个投资工具来提高证券帐户内闲置资金的使用率和收益率，可以在股市不利或有较多空仓闲置资金的时候，选择进行国债逆回购的操作。

所谓国债逆回购，本质就是一种短期贷款。也就是说，个人通过国债回购市场把自己的资金借出去，获得固定的利息收益；而回购方，也就是借款人用自己的国债作为抵押获得这笔借款，到期后还本付息。通俗来讲，就是将资金通过国债回购市场拆出，其实就是一种短期贷款，即你把钱借给别人，获得固定利息；而别人用国债作抵押，到期还本付息。逆回购的安全性超强，等同于国债。而且操作非常简单，就像买卖股票一样，在证券帐户中就能完成。

附重要的名词解释：

1.债券面值

债券面值是指债券的票面价值，是发行人对债券持有人在债券到期后应偿还的本金数额，也是债券发行人向债券持有人按期支付利息的计算依据。债券的面值与债券实际的发行价格并不一定是一致的，发行价格大于面值称为溢价发行，小于面值称为折价发行，等价发行称为平价发行。

2.偿还期

债券偿还期是指债券上载明的偿还债券本金的期限，即债券发行日至到期日之间的时间间隔。债券发行人要结合自身资金周转状况及外部资本市场的各种影响因素来确定公司

债券的偿还期。

3.付息期

债券的付息期是指发行债券后的利息支付时间。它可以是到期一次支付，或1年、半年或者3个月支付一次。在考虑货币时间价值和通货膨胀因素的情况下，付息期对债券投资者的实际收益有很大影响。到期一次付息的债券，其利息通常是按单利计算的；而年内分期付息的债券，其利息是按复利计算的。

4.票面利率

债券的票面利率是指债券利息与债券面值的比率，是发行人承诺以后一定时期支付给债券持有人报酬的计算标准。债券票面利率的确定主要受到银行利率、发行者的资信状况、偿还期限和利息计算方法以及当时资金市场上资金供求情况等因素的影响。

5.发行人名称

发行人名称指明债券的债务主体，这是债权人到期追回本金和利息提供依据。

上述要素是债券票面的基本要素，但在发行时并不一定全部在票面印制出来，在很多情况下，债券发行者是以公告或条例形式向社会公布债券的期限和利率。

外汇期货这样买

黄金到底该怎么玩

在贵金属中，最常见的投资产品就是黄金了。黄金在阳光照耀下可发出高贵灿烂的金色光泽，黄金在拉丁文中的意思是“曙光”，在古埃及文字中的意思是“可以触摸的太阳”。经过漫长的时代变迁，黄金已成为人类的物质财富，成为人类储藏财富的重要手段，因此就具备了炒作的理由。

一、影响黄金价格的因素

既然形成了市场，价格就肯定有高低起伏。如果要投资黄金，那么影响黄金价格波动的因素，我们必须要做到心中有数，这是最基础的入门，大家可以记下来，主要有八大因素。

一是美元价格，美元和黄金是成反比的，美元价格升，黄金价格跌。

二是战乱及政局震荡或重大事件，比如说马航失踪事件，就会导致黄金价格上升。

三是世界金融危机，一旦银行倒闭，人们自然就会大举购买黄金，黄金价格自然就升了。

四是通货膨胀，这里尤其要关注到美国的通胀率，这个数值越高，黄金价格也就越会往上升。

五是石油价格，石油价格上涨意味着通胀会随之而来，金价也会随之上涨。

六是本地利率，特别是美国的利息升高时，美元会被大量地吸纳，金价势必受挫。

七是经济状况，如果经济状况偏好，人们生活无忧，自然会增强人们投资的欲望，民间购买黄金进行保值或装饰的能力会大为增加，金价也会得到一定的支持。

八是黄金供需关系，如果黄金的产量大幅增加，金价会受到影响而回落，反之就会上涨。

对于黄金走势的基本分析有许多方面，当我们在利用这些因素时，要考虑到它们各自作用的强度到底有多大。找到每个因素的主次地位和影响时间段，来进行最佳的投资决策。

二、黄金市场概况

目前，世界黄金市场主要有七个，分别位于伦敦、苏黎世、美国、香港、东京、新加坡，当然最大的依然还是伦敦黄金市场。

中国黄金市场对于世界来说还比较稚嫩。怎么个嫩法呢？也就20年的事儿。但是嫩有嫩的好处，20岁的姑娘可是一朵花，正在越来越多地吸引社会各界关注的目光。与前两年相比，这两年贵金属已经悄然进入我们普通百姓的视线，身边玩贵金属的朋友也是越来越多，这说明，中国在不断与世界黄金市场接轨。但是越了解黄金，越有感慨，国穷黄金少，国强黄金多，我国黄金储备少。上海黄金交易市场是全国目前最大的黄金交易市场。

三、黄金投资品种介绍

1. 实物金，包括金条、金币和金饰等交易，以持有黄金作为投资。

2. 纸黄金，这是一种由银行提供的服务，是以贵金属为单位的户口，采用记帐方式来投资黄金。

3. 黄金保证金，交易品种：Au（T+5）、Au（T+D）。Au（T+5）交易是指实行固定交收期的分期付款交易方式，交收期为5个工作日（包括交易当日）。Au（T+D）交易是指以保证金的方式进行的一种现货延期交收业务。

4. 黄金期货，世界上大部分黄金期货市场交易内容基本相似，主要包括保证金、合同单位、交割月份、最低波动期限、期货交割、佣金、日交易量、委托指令等专业知识点。

5. 黄金期权，是买卖双方在未来约定的价位，具有购买一定数量标的的权利而非义务。这个基本可以忽略，目前全球都还不太多。

6. 黄金股票，是金矿公司向社会公开发行的上市或不上市的股票。

7. 黄金基金，是专门以黄金或黄金类衍生交易品种作为投资媒体的一种共同基金。

四、有关黄金的股票

在国内证券市场，有8个跟黄金生产制造交易有关的股票，分别是：

（1）中国黄金集团公司的中金黄金（600489）：目标是主要经

济指标翻两番，进入世界企业500强。

（2）山东黄金集团的山东黄金（600547）：目标是进入中国企业100强，矿产金产量全国第一。

（3）紫金矿业集团股份有限公司的紫金矿业（601899）：中国最大黄金生产企业。

（4）辰州矿业（002155）：这是国内唯一同时拥有锑、钨制品出口供货资格的公司，是全球第二大产锑公司。

（5）山东恒邦冶炼股份有限公司的恒邦股份（002237）：全国产量第四位。

（6）江西铜业（600362）：这是我国一家集铜的采、选、冶、加于一体的特大型联合企业，是中国最大的铜产品生产基地和重要的硫化工原料及金银、稀散金属产地。

（7）云南铜业（000878）：这家公司的白银产量居全国第一，黄金产量居全国第九。

（8）豫光金铅（600531）：主要从事电解铅、白银、黄金等有色金属及贵金属产品的冶炼及进出口贸易。

在黄金产业的下游，还有负责黄金饰品销售的5个股票，分别是：老凤祥（600612）、明牌珠宝（002574）、潮宏基（002345）、金叶珠宝（000587）、东方金钰（600086）。

五、有关黄金的基金

在国内基市，与黄金投资有关的主要有以下6个基金：

（1）中国首只黄金主题基金——诺安全球黄金基金，主要投资黄金ETF和债券。

（2）华安黄金ETF：主要投资黄金现货，以追踪国内黄金现货价格为目标。

（3）国泰黄金ETF：主要投资黄金现货合约。

（4）易方达黄金主题证券投资基金：投资黄金ETF。

（5）嘉实黄金基金：投资境外黄金ETF。

（6）汇添富黄金及贵金属基金：主要投资黄金实物ETF。

另外，对于不擅长做黄金市场直接投资的人来说，选择跟黄金有关的股票和基金也是不错的替代方案。

六、银行系黄金产品概况

（1）工行有如意金、金行家，是实物黄金，也可以做贵金属定投。

（2）中行有黄金宝，是个人纸黄金；还有双向宝，24小时与国际接轨。

（3）建行有龙鼎金，有实物黄金和账户金交易。

（4）农行有招金系列，有实物黄金，还有金币通。

（5）招行有招财金、实物金条等。

这是目前主流银行的一些黄金投资理财产品情况。

七、黄金的交易时间

黄金市场分布在世界各地，欧洲以伦敦、苏黎士黄金市场为代表；亚洲主要以香港为代表；北美主要以纽约、芝加哥和加拿大的温尼伯为代表，因为时差的关系，导致了全球24小时都可以做黄金投资。一般来说，伦敦的尾市会影响美国的早市价格，美国的尾市会影响香港的开盘价，而香港的尾市价和美国的收盘价又会影响伦敦的开市价，如此循环。

根据我个人的经验，北京时间的早上5:00~14:00，行情一般；北京时间的14:00~18:00为欧洲上午市场；北京时间的18:00~20:00为欧洲中午休息和美国清晨，交易较清淡；北京时间的20:00~24:00为欧洲下午和美国上午，行情最为活跃。北京时间的00:00~5:00是美国下午时间。所以我感觉北京时间的21:00~24:00应该是交易最为活跃的时候，不可错过。

以上是我对黄金投资所做的综合情况介绍，个人认为，做黄金最好还是三种方式：一是买黄金股票，二是参与黄金市场的期货黄金买卖，三是在银行做黄金定投，提供给大家参考。

怎样寻找纸黄金的获利期

贝壳姐向大家介绍过黄金投资的方方面面，这里面有一个大家比较容易参与的，就是“纸黄金”，本篇我重点和大家讲讲“纸黄金”是怎么回事。

很多人听到黄金投资，可能都会第一反映买实物黄金，其实沉淀淀的黄金搬回家，如何长期存放，以后如何变现，那都是麻烦事儿，可不要学古人，买一堆金条囤在家里。现在有个比较方便的做法可以解决存放和变现的问题，那就是做“纸黄金”的投资。

纸黄金是虚拟黄金，是一种个人凭证式黄金，它的价格定位是根据某一品种的黄金，兑换为人民币的价格。参与纸黄金交易实际上是一种虚拟的交易，我们可以把它看成是黄金市场交易的一种衍生交易，投资者按银行的报价在账面上买卖“虚拟”黄金，个人通过把握国际金价走势低吸高抛，赚取黄金价格的波动差价。我们投资者的买卖交易记录只在个人预先开立的“黄金存折账户”上体现，而不涉及实物金的提取。

投资纸黄金比较方便快捷，它的主要优点有以下几条：

第一点，纸黄金是记账式黄金，不仅为我们投资人省去了存储成本，也为变现提供了便利。投资实物黄金购买之后需要操心保存、存储；需要变现的时候，又有鉴别是否为真金的成本。而纸黄金采用记账方式，用国际金价以及由此换算来的人民币标价，省去了投资实物黄金的不便。

第二点，纸黄金与国际金价挂钩，采取24小时不间断交易模式。国内的夜晚正好对应着欧美的白天，就是黄金价格波动最大的时候，为上班族的理财提供了充沛的时间。

第三点，纸黄金提供了美元金和人民币金两种交易模式，为外币和人民币的理财都提供了相应的机会。同时，纸黄金采用T+0的交割方式，当时购买，当时到账，便于做日内交易，比国内股票市场多了更多的短线操作机会。

目前，国内各家银行的纸黄金业务都是实盘交易，没有保证金杠杆。交易方便快捷，交易成本相对较低，适合我们投资者进行中短线操作，国内已有多家银行开办纸黄金业务。

我们大家需要注意的是，人民币纸黄金业务，以克为单位，买入的交易量最少是十克，与股市类似，盈亏自负；没有强制平仓。纸黄金没有利息，也不能获得股票、基金投资中的红利等收益，因此只能通过低吸高抛赚取买卖差价获利。

投资“纸黄金”，当天可以买卖，因为“纸黄金”不涉及真正的实物，所以不会限制交易次数。另外，节假日是否继续交易，银行会在纸黄金的网页上另行通知，不过按照正常情况，春节是

要休市的，但是国外又不过春节，国际市场上的黄金还是正常交易，因此会影响重新开始后纸黄金价格的走势，因此很多人会选择空仓过节。但是如果你对将来的走势判断很有研究，可以事先做好准备，持仓过节，相应的就要承担一定的风险。

我们再来说说“纸黄金”具体交易中碰到的最基础的环节。

一是投资“纸黄金”。大家先要去银行开个户，流程很简单，办卡开通网银，然后开通贵金属交易/纸黄金交易业务就可以进行操作了。

二是交易“纸黄金”。银行和证券公司一样是要收取佣金的，不管卖出还是买入，银行都会收取一定的点差，每个银行的点差不同，所以大家开户前可以事先做个比较。纸黄金交易的价格标示分为买入价和卖出价，买入价和卖出价之间的差价就是纸黄金交易的点差。

三是纸黄金的交易分为市价交易和挂单交易。市价交易就是以当前的价位买进卖出；挂单交易是以设定的价格买进或卖出。挂单分为获利挂单、止损挂单和双向挂单。获利挂单，就是设定的成交价格必须高于当前市价，分为获利买进和获利卖出；止损挂单，就是设定的成交价格必须低于当前市价，分为止损买进和止损卖出；双向挂单，就是要么以高于市价的价格卖出，要么以低于市价的价格买入。但不管怎样，都要注意：卖出前必须先有持仓才能卖出。

在这里贝壳姐要提醒大家的一点是，由于黄金交易有单笔交易成本，因此纸黄金投资次数不宜过于频繁，应以中长线为主。一般长线行情1~3个月一次，如果能够在低位或相对低位买进都会有个比较好的收获，一年做好一两波较大的行情就有丰厚的回报。黄金有比较明显的季节性因素，主要由于黄金的供给关系，特别是珠宝商的首饰需求，而这些需求主要来自亚洲，比如印度和中国的需求。在每年的春节前后、4~5月、10~12月等时间是黄金的旺季。因为这些时候有些喜庆的节日、婚嫁高潮、印度的宗教节日等，这些时段黄金价格容易走高，因为市场需求大，大家可以在这个时候卖出获利。

白银市场和黄金市场的关联

我们都知道，黄金比较贵重，即便是按克，单价也很高，那玩起来也是成本比较大的，那玩什么成本比较低呢？其实，贵金属里还真有这么一种成本比较低的——那就是白银。

白银的投资和黄金有点类似，主要分为实物白银的投资和虚拟白银的投资。说起实物白银的投资，就不得不提纪念银币，因为它升值幅度大、速度快。每年中国人民银行都要发行各种金银币，而银币的发行量比金币的发行种类多、数量大、价格低，受到投资者的欢迎。纪念银币属于收藏品范围，普通银币则是和国际银价挂钩的，但两者都受到国际银价上涨的影响，近来价格都跟着水涨船高，这些年来走势偏淡的银币板块呈现出少有的强势上扬态势。比如发行价230元的神五银币，在一年内就翻了两番，升值越过了千元大关。

我们再来说说虚拟白银的投

资，主要有纸白银和白银期货两种。至于市场上说的白银现货，大家还是要谨慎对待，我们国家目前还没有正规的白银现货平台，不要受骗上当了。

目前纸白银投资品种是由工行、建行、人民银行等提供的，开户入市方式与纸黄金开户投资类似：办理一张银行的网银，在网银里有“网上贵金属”栏目，只需点击进入，在账户贵金属界面会有买入卖出等价格显示。

纸白银的价格变动来源于国际白银价格波动，因此纸白银的交易时间与国际白银的交易时间一致（节假日除外）：周一早上6：50~7：00之间开市，持续到周六凌晨4点休市，中间24小时不间断交易。银行纸白银的最低交易量是100g，所以交易成本即为当前纸白银价格乘以100g。

虚拟白银投资的另一种重要工具就是白银期货。白银期货是指以未来某一时点的白银价格为标的物的期货合约。白银期货合约是一种标准化的期货合约，由相应期货交易所制定，上面明确规定有详细的白银规格、白银的质量、交割日期等。国内白银期货已于2012年5月10日在上海期货交易所上市。交易时间：9:00~11:30，13:30~15:00；交易单位为15千克/手，最小变动单位为1元/千克；白银期货标准合约的交易单位为每手15千克，交割单位为每一仓单30千克，交割应当以每一仓单的整数倍进行。

我们在投资白银期货时需要注意三个方面。第一要清楚地把握白银的价格波动规律，白银价格具有高波动性的特征。白银价格波动幅度不仅大于黄金价格的波动幅度，同时白银价格的异

常波动较多，幅度较大，随机性较强，风险性较大。第二要注意期货投资的风险特点，保证金交易和无负债结算制度对投资者的资金管理能力有很高的要求。第三要结合白银避险资产和风险资产的特性，根据期货趋势交易的原则，合理选择交易方向和入市时间。

白银的价格波动规律很简单，就两条：

一、与黄金期货关联

由于黄金和白银均具金融和金属属性，价格受相同的因素影响，因此黄金和白银价格具有很强的相关性，两者存在比价关系。在交易过程中，黄金期货和白银期货存在联动关系，具体表现为价格的趋同性和方向的一致性。从历史数据看，白银价格的变动率稍大于黄金价格的变动率，白银价格的波动性较大。黄金价格的稳定性较强，白银价格的稳定性较弱，因此白银的风险性较强。

二、白银与美元的关联

纵观过去40年的历史，20世纪70年代初到1982年，从大的趋势上看，白银的价格和美元指数是绝对的负相关；1982~1983年以及1985~1987年曾出现过两次短暂的背离，但整体上这种关系一直在延续，直到80年代末；90年代这10年两者的表现比较扑朔迷离，比较难看出具体的规律，美元指数在80~100之间震荡，而银价则在5~10美金/盎司的范围；2000年以来两者重新回到负相关的关系。所以可以说在过去40年的大部分时间里，银价都和美元负相关，特别是最近10年。

影响白银价格变化的因素也主要有两个方面。

一方面是供给因素。全球目前大约存有13.74万吨现货白银，而地上现货白银的存量每年还在以大约2%的速度增长。另外，各国的中央银行是世界上现货白银的最大持有者，那么在全球市场上白银的数量增加，就容易跌，反之就会升值。

另一方面是需求因素。一般来说，世界经济的发展速度决定了现货白银的总需求，例如，在微电子领域，越来越多地采用现货白银作为保护层;在医学以及建筑装饰等领域白银也应用广泛。白银产量首先满足制造业所需要，剩下的就是用于满足投资需求。如果投资需求减少，可能会出现白银供给超过需求的情况。

另外，现货白银储备也一向被央行用作防范国内通胀、调节市场的重要手段。

对于我们普通投资者来说，投资现货白银主要是在通货膨胀情况下，达到保值的目的。特别是在经济不景气的态势下，由于现货白银相对于货币资产更保险，导致对现货白银的需求上升，价格上涨。

为什么说投资最难是期货

看见这个标题，估计很多人会吓趴了，但是肯定也有人问，为什么说期货最难啊。在解答这个问题之前，贝壳姐先来说说，什么是期货。大家带着疑问来开始学习吧！

期货市场最早萌芽于欧洲。早在古希腊和古罗马时期就出现过中央交易场所、大宗易货交易，以及带有期货贸易性质的交易活动。最初的期货交易是从现货远期交易发展而来。第一家现代意义的期货交易所1848年成立于美国芝加哥，20世纪90年代，国内的期货交易所应运而生。目前国内有上海期货交易所、大连商品交易所、郑州商品交易所和中国金融期货交易所四家期货交易所，上市期货品种的价格变化对国内外相关行业产生了深远的影响。

简单来说，期货与现货完全不同，现货是实实在在可以交易的商品，期货主要不是产品，而是以

某种大众产品比如棉花、大豆、石油等为标的的标准化可交易合约。因此，这个标的物可以是某种商品（例如黄金、原油、农产品），也可以是金融工具。交收期货的日子可以是一星期之后、一个月之后、三个月之后，甚至一年之后。买卖期货的合同或协议叫做期货合约。买卖期货的场所叫做期货市场。投资者可以对期货进行投资或投机。

期货主要分为商品期货和金融期货。商品期货又分工业品、农产品、其他商品等；金融期货主要是传统的金融商品，如股指、利率、汇率等，各类期货交易包括期权交易等。

那我在这里主要讲讲商品期货的分类：

农产品期货品种有：如大豆、豆油、豆粕、籼稻、小麦、玉米、棉花、白糖、咖啡、猪腩、菜籽油、棕榈油等。

金属期货品种有：如铜、铝、锡、铅、锌、镍、黄金、白银、螺纹钢、线材等。

能源期货期货品种有：如原油（塑料、PTA、PVC）、汽油（甲醇）、燃料油。新兴品种包括气温、二氧化碳排放配额、天然橡胶等。

由于期货交易是公开进行的对远期交割商品的一种合约交易，在这个市场中集中了大量的市场供求信息，不同的人从不同的地点，对各种信息的不同理解，通过公开竞价形式产生对远期价格的不同看法。期货交易过程实际上就是综合反映供求双方对未来某个时间供求关系变化和价格走势的预期。这种价格信息具有连续性、公开性和预期性的特点，有利于增加市场透明度，提

高资源配置效率。所以期货交易具有以下4个特征。

1. 期货是双向交易

期货交易与股市的一个最大区别就期货可以双向交易，期货可以买多也可卖空。价格上涨时可以低买高卖，价格下跌时可以高卖低买。做多可以赚钱，而做空也可以赚钱，所以说期货无熊市。（在熊市中，股市会萧条而期货市场却风光依旧，机会依然。）

2. 期货交易费用低

国家对期货交易不征收印花税等税费，唯一费用就是交易手续费。国内三家交易所手续在万分之二三，加上经纪公司的附加费用，单边手续费亦不足交易额的千分之一。（低廉的费用是成功的保证之一。）

3. 期货交易有杠杆作用

杠杆原理是期货投资魅力所在。期货市场里交易无需支付全部资金，国内期货交易只需要支付5%保证金即可获得未来交易的权利。由于保证金的运用，原本行情被以十余倍放大。假设某日铜价格封涨停（期货里涨停仅为上个交易日结算价的3%），操作对了，资金利润率达60%（3%÷5%）之巨，是股市涨停板的6倍。

4. 期货是“T+0”交易

期货是“T+0”的交易，把资金的应用达到极致，在把握趋势后，可以随时交易，随时平仓。

期货是零和市场，期货市场本身并不创造利润。在某一时段里，不考虑资金的进出和提取交易费用，期货市场总资金量是不变的，市场参与者的盈利来自另一个交易者的亏损。所以期货市场是一个斗争非常激烈的市场，风险非常大，主要有以下三个风险：

风险一：杠杆使用风险

期货的资金放大功能使得收益放大的同时也面临着风险的放大，因此对于10倍左右的杠杆应该如何用，用多大，也应是因人而异的。水平高一点的可以5倍以上甚至用足杠杆，水平低的如果也用高杠杆，那无疑就会使风险失控。

风险二：强平和爆仓

交易所和期货经纪公司要在每个交易日进行结算，当投资者保证金不足并低于规定的比例时，期货公司就会强行平仓。有时候如果行情比较极端，甚至会出现爆仓，即亏光帐户所有资金，甚至还需要期货公司垫付亏损超过帐户保证金的部分。

风险三：交割风险

如果合约一直持仓到交割日，投资者就需要凑够资金或者实物货进行交割(货款是保证金的10倍左右)，所以必须进行交易处理，不能持仓到交割日。

期货的特征和大风险决定了期货的市场波动大，操作难度大，所以这也是为什么贝壳姐说最难是期货。但是我必须把这个投资工具介绍给大家知道，因为期货没有牛熊市。期货也是一个重要的金融工具，如果有学习力和风险承受能力的朋友，还是可以尝试的。

期货交易的“游戏规则”你懂了吗

我们初步了解了什么是期货，但是玩期货有一些制度，这就好比是游戏规则，我们只有了解了游戏规则，我们才能去玩好游戏，打怪升级。

玩期货游戏，我们需要知道以下9条规则：

第一条，持仓限额制度。这是指期货交易所为了防范操纵市场价格的行为，和防止期货市场风险过度集中于少数投资者，对会员及客户的持仓数量进行限制的制度。超过限额，交易所可按规定强行平仓或提高保证金比例。

第二条，大户报告制度。这是说当会员或客户某品种持仓合约的投机头寸达到交易所对其规定的头寸持仓限量80%以上（含本数）时，会员或客户应向交易所报告其资金情况、头寸情况等，客户必须通过经纪会员报告。大户报告制度

精彩音频　即扫即听

是与持仓限额制度紧密相关的又一个防范大户操纵市场价格、控制市场风险的制度。

第三条，实物交割制度。这是指交易所制定的，当期货合约到期时，交易双方将期货合约所载商品的所有权按规定进行转移，了结未平仓合约的制度。所以大家千万要记住，一定不要持有期货合约到期。

第四条，保证金制度。在期货交易中，任何交易者必须按照他所买卖期货合约价值的一定比例（通常为5%~10%）缴纳资金，作为其履行期货合约的财力担保，然后才能参与期货合约的买卖，并视价格变动情况确定是否追加资金。在保证金制度中，我们所交的资金就是保证金。保证金制度既体现了期货交易特有的“杠杆效应”，同时也成为交易所控制期货交易风险的一种重要手段。

现行的最低保证金比率为交易金额的5%，国际上一般在3%~8%之间。例如，大连商品交易所的大豆保证金比率为5%，如果某客户以2 700元/吨的价格买入5手大豆期货合约（每手10吨），那么，他必须向交易所支付6 750元（即2 700×5×10×5%）的初始保证金。交易者在持仓过程中，会因市场行情的不断变化而产生浮动盈亏（结算价与成交价之差），所以保证金账户中实际可用来弥补亏损和提供担保的资金就随时发生增减。

浮动盈利将增加保证金账户余额，浮动亏损将减少保证金账户余额。保证金账户中必须维持的最低余额叫“维持保证金”，当保证金账面余额低于维持保证金时，交易者必须在规定时间内

补充保证金，使保证金账户的余额=结算价×持仓量×保证金比率。如果不能及时补充保证金，那么在下一交易日，交易所或代理机构有权实施强行平仓。这部分需要新补充的保证金就称“追加保证金”。

我们接着说上面的例子，假设客户以2 700元/吨的价格买入50吨大豆后的第三天，大豆结算价下跌至追加保证金，2 600元/吨。由于价格下跌，客户的浮动亏损为5 000元（即（2 700−2 600）×50），客户保证金账户余额为1 750元（即6 750−5 000），由于这一余额小于维持保证金（2 700×50×5%×0.75=5 062.5），客户需将保证金补足至6 750元（2 700×50×5%），需补充保证金5 000元（6 750 − 1 750），就是追加保证金。

第五条，每日结算制度。期货交易的结算是由交易所统一组织进行的。期货交易所实行每日无负债结算制度，又被称为“逐日盯市”，意思就是每日交易结束后，交易所按当日结算价结算所有合约的盈亏、交易保证金及手续费、税金等费用，对应收应付的款项同时划转，相应增加或减少会员的结算准备金。期货交易的结算实行分级结算，即交易所对其会员进行结算，期货经纪公司对其客户进行结算。每天结算后资金在第二天期货交易所开盘后就可以直接取出来，而股市当天卖了股票，资金需要第二天才能取出来（除周六周日）。

第六条，涨跌停板制度。这个制度又被称为每日价格最大波动限制，即期货合约在一个交易日中的交易价格波动不得高于或低于规定的涨跌幅度，超过该涨跌幅度的报价将被视为无效，不能成交。

第七条，强行平仓制度。它的意思是，当会员或客户的交易保证金不足且并未在规定的时间内补足，或者当会员或客户的持仓量超出规定的限额时，或者当会员或客户违规时，交易所为了防止风险进一步扩大，实行强行平仓的制度。简单来说就是交易所对违规者的有关持仓实行平仓的一种强制措施。

第八条，风险准备金制度。期货交易所从自己收取的会员交易手续费中提取一定比例的资金，作为确保交易所担保履约的备付金，这就是风险准备金制度。交易所风险准备金的设立，是为维护期货市场正常运转而提供财务担保和弥补因不可预见的风险带来的亏损。交易所不但要从交易手续费中提取风险准备金，而且要针对股指期货的特殊风险，建立由会员缴纳的股指期货特别风险准备金。股指期货特别风险准备金只能用来为维护股指期货市场正常运转提供财务担保，和弥补因交易所不可预见风险带来的亏损。风险准备金必须单独核算，专户存储，除用于弥补风险损失外，不能挪作他用。风险准备金的动用应遵循事先规定的法定程序，经交易所理事会批准，报中国证监会备案后按规定的用途和程序进行。

第九条，信息披露制度。也称公示制度、公开披露制度，期货交易所为保障投资者利益、接受社会公众的监督而依照法律规定必须将其自身的财务变化、经营状况等信息和资料向监管部门和交易所报告，并向社会公开或公告，以便使投资者充分了解情况的制度。它既包括发行前的披露，也包括上市后的持续信息公开，它主要由招股说明书制度、定期报告制度和临时报告制度组成。

高收益的背后是高风险，大家如果想玩期货，一定要做好心理建设。另外，大家还要多看新闻，关心国家和世界大事，往往在新闻中，你会发现一些贸易趋势。

外汇也是一个投资游戏

一说到外汇，很多小伙伴觉得我又不出国定居，外汇跟我有什么关系呢？外汇，看似与普通大众很遥远，但却与全世界每个人息息相关。外汇交易也是很多人投资或理财的一种重要形式。国际货币基金组织(IMF)对此的定义是：外汇是货币行政当局(中央银行、货币管理机构、外汇平准基金及财政部)以银行存款、财政部库券、长短期政府证券等形式保有的在国际收支逆差时可以使用的债权。

外汇市场是全球最大的金融市场，它具备以下优点：

第一个优点是24小时不间断交易。

外汇交易是一个真正的24小时全天交易市场。每天，新西兰市场率先开市，然后是悉尼，继而再转到东京、伦敦和纽约市场。投资者可于星期一凌晨开始至星期六凌晨随时参与买卖；即使市场因为经

济、政治和社会事件而波动，闭市与开市之间的价格差距可能造成的投资风险相对减低。

第二个优点是市场透明度高。

外汇交易的投资者分布在全球，市场难以被操控。另外，影响外汇市场的因素有很多，比如当地国家中央银行设定的利率、股票市场、经济环境及数据、政策决定、各种政治因素甚至重大事件等，这些因素并不是单一投资者或集团能操控的。

第三个优点是资金流动性高。

外汇市场是世界经济上最大的金融市场之一，市场参与者包括各国银行、商业机构、中央银行、投资银行、对冲基金、政府、货币发行机构、发钞银行、跨国组织还有散户，所以外汇市场资金流动性非常高，投资者不用承受因为缺乏成交机会而导致的投资风险。

那咱们普通老百姓要参与外汇投资，该怎么做呢？贝壳姐在这里先简单介绍一下外汇投资的三种方法，启发大家的思路。

第一个方法：定期外币储蓄

对于想持有外币，希望保值又不愿承担太大风险的人来说，定期存款是首选。

由于币种不同，利率也不一样。比如，与人民币相比，同样存一年期定期，英镑、港币、美元的利率要更高，而欧元、瑞士法郎、日元的利率就相对偏低。如果手中持有利率较低的外币，可以考虑兑换成较高利率的外币，然后再存会得到更多的利息。这可以说是最省心、最普遍的投资方式。

举个例子，比如我们想用日元兑澳元套利，日元的一年期定存利率为0.01%，而澳元一年期定存的利率达到1.5%。在不考虑汇率波动的情况下，将日元换成澳元后存款，利息收入是原来的150倍。但不同银行外币存款利率高低都不一样，进行套息交易前，比较不同银行的外币存款利率也是必需的功课。

第二种方法：购买外汇理财产品

其预期收益率也高于外汇存款。因此，银行外汇理财产品适合金额较大、极为看重本金安全并且一段时间内不会动用资金的投资者。各家银行都推出了不少外币理财产品，收益率多在5%以上，可弥补人民币升值带来收益的缩水，而且有所盈余。不过专家们建议投资者可选择期限较短的此类理财品，以规避长期人民币升值带来的风险。这个方法中，投资者需要注意的是，有的商业银行的外汇理财产品，必须持有到期才能保证本金无损。

第三个方法：外汇汇率投资

汇率上下波动均可获利，通过不同币种之间买卖转换，从汇率的涨跌中收益，也是外汇投资的常用手段。大家可以通过银行开立外汇宝这样的帐户进行实盘港币、澳元、美元、欧元、加元、英镑、日元、新加坡元、瑞士法郎等不同币种之间的转换。

由于外汇市场24小时都能交易，外汇实盘交易采取的是T+0的清算方法，交易完成，电脑即完成资金交割。对于经验不足又不能够长时间盯盘的入门级投资者来说，可以委托银行设置止盈点、止损点的指令。外汇实盘风险较大，本金及收益均可能受损，所以大家要慎重。

以上不管哪种外汇的投资方法，都有一个前提，就是选好你自己喜欢的、同时又有获利空间的外汇。一般都会选择以下几种：首先是美元，它的发行权属于美国财政部，办理具体发行的是美国联邦储备银行。全球外汇交易中，美元的交易额占86%，美元是目前国际外汇市场上最主要的外汇。其次还有欧元，欧盟经济的强大实力支撑了欧元的地位在世界范围内不断上升，欧元在世界贸易中广泛使用。另外还有英镑、澳元、加拿大元、瑞士法郎、日元等外汇品种。

无论选择了哪一种外汇品种来做投资，大家都要记住以下几个投资原则：

原则一：用闲余资金投资

如果大家以家庭生活的必需费用来投资，万一亏损，就会直接影响家庭生活，在投资市场里失败的机会就会增加。因为用一笔不该用来投资的钱来生财时，心理上已处于下风，所以在决策时会很难保持客观、冷静的态度。

原则二：切勿过量交易

一定不能一下子就满仓交易，一定要留有余地，这样就不会因为资金不足而被迫斩仓以腾出资金，造成巨大损失。

原则三：正视市场，摒弃幻想

人虽然是感情动物，但是我们在投资中一定不要感情用事，过分憧憬将来和缅怀过去。一位美国期货操盘手说："一个充满希望的人是一个美好和快乐的人，但他并不适合做投资家，一位成功的投资者是可以分开他的感情和交易的。"市场永远是对的，错的总是自己。

原则四：宁可不操作，也绝对不要乱操作

在决定买入或卖出外汇之前，一定要做好充足的准备，如果局势不明朗或没想好，宁可不要操作，只有订下当日入市的价位和计划才能操作。

最后，我想告诉大家的是，因为国家目前在严格控制外汇，原来一个人每年有5万兑换外汇的额度，现在也没有了，个人去银行换外汇比较难，这是因为国家在控制人民币外流。但是根据我们的经济趋势，人民币因为通货膨胀等各类原因面临贬值的风险，适时兑换点外汇来保值增值还是挺不错的选择。

创业经

请让我们为梦想而生——致创业

我知道，每一位看这本书的朋友都有一个共同的直接梦想，那就是：早日达到财务自由。有人说，现在股市这么弱，基金、信托跟着也不乐观，这梦想还能实现么？有些人就打了退堂鼓，有些人就开始怀疑当初的梦想。其实，在我看来，我们这一辈子至少还有30年吧，那资本市场这几个月甚至一整年的弱势对于漫长30年来说，也只是人生的一个小插曲。因为历史告诉我们，通往梦想的路不可能是一帆风顺的，接受曲折、勇敢面对、耐心学习、积极解决，才是我们应有的态度。

除了直接的财务梦想，我一直在想，人活着是为了什么？有的人可能会说得很具体化,比如说开一个咖啡店，做一个沙发客，开一家自己的书店，去山区支教，成为一个大明星，写一本书，或者做自己心里想要做的事情……我们的生命是有限的，青春更短暂，我们不能选择何时降临在这个世界上，我们不能选择我们的父母是谁，我们也不能选择自己会出生在什么地方，会在什么样的一个环境里成长，但是我们可以选择成为一个怎么样的人，过一个怎么样的人生，我们可以决定什么才是生命中最重要的东西。所以说，我给自己的终极梦想就是去挑战自己的极限，去享受经历曲折终获成功的成就感，让自己有能力去帮助更多需要帮助的人，正如在喜玛拉雅所做的节目，我希望能够通过节目启发更多的中国青年来思考自己的财富养成之路。

说起梦想，不得不提创业，其实创业也是属于投资理财的一个方面，不管你是直接自己创业，还是你扶持别人创业，你都逃避不了的一个本质就是，你用自己的时间、精力、财富做了一次股权投资，也许成功，也许失败。很多人这一辈子肯定都会有那么一两次创业的想法，这是人之常情，这两年也是我们国家鼓励年轻人创业的高潮，所以但凡遇见身边的朋友有人跟我说，他想去创业，我都会鼓励地说“去尝试吧，生命在于折腾！”但是在走创业这条路之前，贝壳姐想给大家提个醒，大家千万不要盲目去创业。原因有四点。

第一，创业的成功率不足三分之一。据统计，美国新创公司存活10年的比例为4%。第一年以后有40%破产，5年以内80%破

产，活下来的20%在第二个5年中又有80%破产。哈佛商学院的研究发现，第一次创业的成功率是23%，而已成功的企业家再次创业成功的比例是34%。

第二，创业是一场艰苦的持久战。创业是带着一群未知的人去一个未知的地方干一件未知的事，再有能力的创业者也无法在出发之前就想清楚所有的事情，即便是你已经想清楚，一旦开始做也会发生很多变化，绝大多数公司成功时的方向和最初设想的产品都大相径庭。我们需要在前进的过程中根据市场的情况以及消费者的反应，甚至是竞争对手的动态来随机应变。创业的这种特性决定了创业之路开始容易，过程很难，收场更难，煎熬是创业的典型状态，创业路上，最常见的不是成功和失败，而是长时间的苦苦挣扎。

第三，创业的机会成本很高。据市场观察，超过一半的创业者是迷迷糊糊上路的，他们在开始创业之前，其实并不清楚创业是怎么回事，也不清楚创业将给他们的生活和人生带来什么样的改变，仅仅是凭着满腔的热情以及一个浪漫而美好的想象就开始了，从此踏上一个漫长的、充满变数、迷茫、经常感到无助的征程。

第四，不是所有人都适合创业。人可以分为两类：侠客型和团队型。侠客型的人喜欢单打独斗，适合做艺术、工程师等工作。团队型的人适合在一个团队中工作，其中约1%左右的人是领袖型，9%左右是干部型，适合追随领袖共同领导团队，而90%的人只适合做群众。领袖型和干部型都适合创业，但是创业的领军人物必须是领袖型的人。打工成功者创业的成功概率并不高于其他人，甚至更低，因为创业者需要的能力和打工者完全不同，甚至相反。

所以，如果说你选择了创业，在上路之前，你先想想看，你是否具备以下6个素质。

（1）事业心，是否把创业当做命根子来做。

（2）眼光和境界，要比别人想得多，比别人看得远，具备一种比别人更高的境界和眼光。就是所谓的格局够不够高。

（3）心理素质，能否百折不挠、处变不惊。

（4）学习能力，是否以学习为生活方式。

（5）执行力，是否能够有效地执行你的想法？虽然有一个可靠的商业理念很好，但是有效地执行却完全是另外一回事。

（6）商业模式和盈利能力，我们的商业模式是否能赢利？团队的盈利能力如何？除非要创建的是一个非营利组织，否则大多数人都希望能赚钱。所以，评估整体商业模式和盈利能力是很重要的。

如果没想好，冒冒然就开始创业，那么势必会做很多无用功，浪费很多时间、精力不说，更重要的是你会在“创业”道路上被人割韭菜。这种损失可是巨大的，有可能很多人还会搭上家庭生活所需要的大量财产，有可能很多人还会赔上父母的养老钱。这都是贝壳姐不想看到的故事。创业不易，投入需谨慎，切不要被忽悠而在“创业市场”上被割韭菜，这就如在股市被割韭菜是一样的结局。

方向、融资、团队——创业“三大要素”

现如今，“创业”可谓是一个热词，经常能听到身边的朋友说：“谁谁谁辞职创业去了。”越来越多的人心怀着梦想参与到创业的时代潮流中，但其实创业真的是一件异常艰辛的事情，关于创业的篇章其实几本书都写不完。贝姐想了很久，始终觉得，选择创业，方向、融资、团队是创业的“三大要素”。

其中，方向最为重要。方向如果错了，无论你有多努力，都难逃失败的结局；方向如果正确，付出努力的同时，还会事半功倍。那如何才能找到正确的创业方向呢？对于创业者来说，应该选择一个自己感兴趣的、熟悉的、擅长的行业，然后选择该行业中的细分领域来切入，成功的概率会提高不少。

千万不要盲目去追求大而全、高大上的方向。因为在任何一个行业，往往都会有一个试错和犯错的过程。创业初期，创业者往往没有充裕的创业资本，因此选择一个适合自己的、熟悉的行业开始创业，就可以用最少的试错成本去得到最快的成长，否则你的试错成本将会很高。

瞄准了创业方向，接下来就要考虑资金的问题了，创业需要本金。关于本金的获取渠道，贝姐归纳了三条。

一是家庭闲置资金。请大家注意，创业万一失败，本金是会遭受损失的，很多人会血本无归，所以创业的本金最好是用家庭的闲置资金，这样一旦失败，还不至于影响全家人的生活品质，这一点尤其重要。

二是银行借贷资金。不知道大家是否发现，如今问亲朋好友借钱是越来越难了，因为在物价飞涨的当下，每个家庭生活都不容易，所以在理解的同时，我们不如正大光明地向银行借贷。既不欠人情，又能积累良好的个人信用。目前银行有很多小企业贷款产品，还有各类信用贷款产品，额度从三五万元到100万元不等，其实是足够一个普通人创业初期所需的资金了。

三是风投机构资金。目前国内已经有很多风投机构，大家耳熟能详的红杉资本、IDG资本等就是其中的代表，但这类大风投往往会投些大项目。在创业初期，一些中小型的风投机构其实更适合，尤其是偏好投种子轮、A轮的风投机构。这种机构大家可以通过参加当地的一些创业交流活动、创业大赛来获得面谈的机会，也可以通过网络搜索来获取相关信息。通常情况下，你可以通过做融资计划书或现场路演，来告诉风投机构，你为什么做这个项目，这个项目的“钱景”有多好，你有什么样的能力做好这个项目。

选了有“钱”景的好方向，又解决了资金问题，那就要考虑团队的组建了。

在如今这个时代，靠一个人单打独斗肯定难以做大，必须要组建一个执行力强的团队，大家协作分工，把每一个细节做好，形成合力，才能成就一个成功的项目。当年马云创建阿里巴巴的时候，就有一支18个人的团队；雷军在最初创建小米的时候，也花了大量时间寻找每一个行业最顶尖的人才。

那我们初创企业如何找团队成员呢？

常见的一个方法是利用身边的人脉资源。这样的团队成员通常和你已经很熟了，知根知底，有深刻的了解，比较可靠，能够长久相处。

另外一种方法就是对外招聘。去各大招聘网站招聘相关岗位的人员，这样遇到的人才一般会比较专业，但是需要长时间的锻炼磨合，才能组成一个高效团队。

创业的成功的机率只有1%，也就是说有99%的创业公司要死去。但是在决定创业的那一刻，我们都相信我们是那1%。这就是一个勇敢者的游戏！当我们有了明确的方向、充沛的资金、高效的团队开始玩创业这个游戏的时候，我们还要保持清醒的头脑，要知道一项服务、一个产品，如果不能为别人创造价值，终将被社会淘汰，要去了解用户的需求，不断改进产品、创新产品、提高服务水准，同时做好自有品牌和企业文化的输出。因为在当下的中国，任何商业模式、任何商业项目都有可能随时被模仿，唯有品牌和文化是别人取代不了的核心价值。

其实不管处于创业的什么阶段，方向也许会有所调整、

融资可能也要不断地进行、团队也会需要不断地补充人才，这都是一种创业的“常态”。保持一颗积极的平常心，不断地自我学习提高，多与比自己优秀的创业者交朋友，你将获得更多创业的经验，了解更多市场的趋势，更多得了解消费者的行为习惯，以及所有你想知道的让事业更加成功的办法。

04 第 4 篇 理财问答篇

贝壳姐粉丝问答实录一

问题一：我是理财小白，也只是普通生活的人，适不适合炒股呢？

答：普通投资者也可以炒股，贝壳姐就是一个活生生的例子。

问题二：我想学做股票，但是我是股票小白，应该从哪儿开始？

答：本书中股票第一课就是记录开始。另外，基金中有一类是股票型基金，可以尝试从买股票型基金入手，如果一开始不打算投入资金的话，可以尝试模拟炒股系统。

问题三：普通投资者如何进行资产配置？

答：资产配置要有全局观念，要分散投资，可以把资金按完全不用、也许要用、临时周转三类需求来配置资产。分散理财如何配置，这个问题具体要看个人

的家庭情况、家庭近期远期需求、个人的风险喜好。

问题四：贝壳姐，我想知道最近的基金什么情况，一直跌，跌到心碎，能解释一下原因吗？

答：因为你选的股票型基金是投资于股市的，股市现在是震荡探底的时候，所以基金会跟着如此。如果你承受不了股票型基金的高风险，我建议你选择货币基金。

投资一定要用闲钱，一定要量力而行，因为投资不是一定能赚钱的，投资有风险。

现在是股市不断探底的过程，大家应该趁这个机会寻找好的基金，然后坚持定投，因为基金是跟着股市走的。这就是低价吸入。

基金定投至少需要坚持2~3年，不要因为一时的涨跌而影响投资心理。

股市探底是我们定投的好时机，股市如果在高位涨得厉害了，那就是我们卖出的时机。

精彩音频　即扫即听

问题五：我之前一直做基金定投，但是收益比较低，如何提高投资理财的收益。

答：基金定投收益比较低，坦率地说，你可能没有选好基金。

关于定投基金的要点有3条。

第一，基金定投需要2~3年的过程，不是一两个月的事情，所以要有坚持力。

第二，基金定投是有风险的，所以要做适合自己的投资，承受不了风险就买货币基金，能承受风险则可以考虑股票型、债券型和混合型基金。

第三，股市不可能一直向上，经济规律决定股市犹如抛物线，有波峰也有低谷。

定投基金具体的选择，你们可以考虑“一带一路”相关基金，也可以考虑投资于黄金、外汇的基金，还有科技制造类基金。

问题六：沪深300指数250日均线和180日均线有什么区别？

答：250日均线和180日均线就是指250天的均价线，180天的均价线。

问题七：投资理财的误区有哪些？

答：投资理财的误区有好多，一下子说不完，但最大的误区有三个：一是不要认为我钱少就不理财，你不理财，财永远都不可能主动理你，理财要趁早，越早越能有财；二是钱少力壮的青年时期优先配置高风险但高收益的资产，尽快博取第一桶金，等有一定资金后注意应分散配置，不要再把所有的钱都放在高风险产品上，那一旦损失就是毁灭性的，会让前面的努力都白费；三是理财不是件容易的事，需要长期坚持，需要勤奋努力学习，不可能一天两天就成功。

问题八：基金网站像天天网、晨星网有个万元波动图，这个图我一直不太明白，请贝壳姐解答一下。

答：万元波动图是计算每万元初始投资额的变动，来体现基金过去的业绩。图中所显示的回报没有扣除认/申购费用。每万元的投资额变动（红色）是以基金发行价或图中显示的第一年基金单位净值作为基价。图中还显示同类基金（黄色）、基准指数（绿色）每万元升幅，以便投资人进行比较。

问题九：关于股票粉丝的一个疑惑：我花了很长时间看各种消息，消息面、技术面、资金面都还不错，买入就是不涨，遇到大盘环境不好时，往往亏本，被“割韭菜”。我发现炒股投入的精力和产出严重不成正比，有点对股票心灰意冷，怎么破？专业人士和“韭菜”的区别在哪里？

答：这个问题其实主要有三点：

第一，股票的学习是一个循序渐进不断持续的事情，不要以为看了一天、两天、一个月就能做好投资了，那样的话人人都可以成为巴菲特了，你可以问问自己有没有学到一万小时？

第二，学习股票也需要方法，讲究策略，买入卖出要避免情绪化操作，这也需要长期的操作熟练。

第三，要正确对待亏损与盈利，不要因为一时的亏损而轻言放弃，每一个成功的交易员都是从无数次失败堆里站起来的，如果轻易就能赚钱，那“韭菜”早就消失了，人人都可以成为索罗斯。关键是要从失败里总结经验，改进操盘策略。

专业人士和韭菜最大的区别，不在于谁更能在一次两次、一年两年里赚钱，而在于面对一次两次的亏损能及时止损或快速反应弥补操作，

对一年两年的亏损依然能淡定从容，因为心里坚定地知道熬过去前面就是胜利。我们要求的不是争一城一池，而是至少三五年乃至十年二十年的稳定增长盈利。

贝壳姐粉丝问答实录二

问题一：我做销售的，收入很不稳定，开支也大，如果强迫自己每月定存一些钱，是做理财还是银行定期存款呢？请给我这个理财小白给一个好的建议吧！

答：收入不稳定，定存还是建议选宝宝类理财产品。

问题二：贝克姐，对于不会理财，之前也没接触过的，存不下钱的90后来说，有什么适合的理财推荐吗？比如基金什么的，还有余额宝属于什么？

答：余额宝其实是天弘货币基金。如果存不下钱，可以考虑拿到工资先定投一定金额到基金里面。

问题三：贝壳姐，请问像随手记和挖财这样的平台，靠谱吗？

答：随手记和挖财都有记账功能，可以用来记账。如果说想投基金，可以在天天基金网上购买。

问题四：请问贝壳姐：人家说的基金调仓，是指基金转换吗？这个是由基金经理来做的是吗？

答：基金调仓是指基金原来购买的股票卖出，买入新的股票。基金的持仓有相对的稳定性，基金经理可以进行基金调仓，一般是渐进的。

问题五：我今年25岁，在北京刚工作不久，月入5 000元左右，想给自己投个重疾险，这两天看了几个公司的产品，自己是小白不太懂，贝壳姐有没有推荐的？

答：你还很年轻，而且在北京租房日常花销不少，按照你现在的收入在北京生活不易，可以买个一年200~300元的住院医疗险，保额300万元。

问题六：贝壳姐，请推荐一下适合29岁女孩子选择的保险？可否给一个选择的范围，以保障为主。

答：选价格便宜的，保额30万~50万元，保障到80岁的重疾险就可以。

追问：如果购买重疾险的话，哪些公司的产品可以重点考虑？

答：　泰康、阳光、人寿等保险公司均有相关保险产品。

问题七：贝壳姐，不知45岁以上购买重疾险，建议是买到终身还是到80岁的呢？

答：　买到80岁就可以了。终身就是一个噱头，因为人万一活到75岁去世了，那也叫保终身，可你交的保费比直接保到75岁的要贵，所以买一个基础重疾险加上保到99岁的住院医疗保险是最划算的。

问题八：贝壳姐，我有15万元闲钱，怎么安排比较好？

答：　15万元闲钱可以买理财，银行系高收益率的理财产品。

问题九：我有9万元左右的首付能力，打算在西安买个房子以租养贷，我应该选择成熟区域的小户型二手学区房还是选择老城与新城交替处的房子？应该重点考虑哪些条件？

答：　买成熟型的小区更好。想买房，更要注意的就是地段这个条件，尤其是想采用以租养贷模式的，因为成熟区域的租金相对高。

问题十：贝壳姐，请问是否有较好的定投基金推荐？因为是基金小白，所以直接求推荐。

答：　可以尝试用招行摩羯定投功能，电脑会根据你的风险程度自动匹配，也可以用银行基金页面的定投设置。

追问：　基金定投不是要选好哪只基金吗，自动匹配的会好吗？

答：　基金定投可以做一个基金组合来定投，中低风险会有比例。如果不放心，闲钱比较多的话，可以找基金经理来管理。

问题十一：贝壳姐，我老婆不太会投资，我想问的是，我应该是把钱交给我老婆还是让老婆把钱交给我来投资？如果我让她把钱交给我，她肯定不同意，有没有一个好办法呢？

答：如果可以的话，让你夫人也慢慢接触理财方面的知识，有个理财观念慢慢学习的过程。另外，有其他小伙伴建议，家庭内做好财务规划和控制很重要。建议就是先建立家庭账本，根据消费情况判断，暂时由消费相对理性的那个人来管。

问题十二：贝壳姐，我刚开始学理财，学存钱，是应该拿一部分的资金定投还是全部纳入存款，哪一种相对好些？达到多少资本作定投比较合适？

答：要看你有总共多少资本，能闲置多久。你可以每个月拿出工资的1/5到1/3的部分用来定投，这个没有明确数额的要求的，要根据自己的情况来。

问题十三：贝壳姐，现在我们做理财投资年化多少算高的？想有个参考值。

答：一般现在年化5%就算高的。

问题十四：我有套空闲的学区房，在一所重点中学隔壁，想问问贝壳姐，是出租好还是卖好，我比较纠结。

答：看租金是否高，租金/本金=回报率。如果能超过银行理财收益率就值得出租；如果没有，那看你有没有更好的投资渠道，如果有就卖房，没有就出租。

问题十五：贝壳姐，购买重疾险保额30万元，20年付清，一年多少钱合适？

答：这个问题各大保险公司都有产品付费计算表的，保险公司官网都有相应的产品页面，你可以把信息填上去，先测算自己每年要投多少钱，一看就知道是否适合自己的经济能力。

问题十六：贝壳姐，想问一下混合型基金买什么合适？哪个银行买混合基金较好点？谢谢贝壳姐。

答：混合型基金主要是债券和证券混合投资的基金，可以选择证券部分投资比例高一点的混合型基金。至于购买，每家银行都可以买到，银行只是中间代理销售机构，通常都能覆盖到市面上能买到的基金产品。

问题十七：贝壳姐，我的住房公积金账户有十几万，但我这边的房价太高，该如何支配住房公积金？

答：取住房公积金，一可以买房，二可以装修，三可以租房。建议如果自身条件可以的话，买一个小套型按揭，就可以拿公积金了。

问题十八：请问贝壳姐，我可以把90%的钱拿来投基金吗？感觉存银行贬值得快。

答：我不推荐这么做。如果在35岁以下的人，那可以考虑增加基金比例，但是也不要超过50%，存银行虽然贬值，但是好歹可以保住本金。

问题十九：贝壳姐，我有100万元的储蓄，买了一套总价62万元的精装酒店公寓作投资用，应该一次性付款还是一半按揭比较好？谢谢！

答：按揭买房比较好，多余的钱用来做高收益投资。

贝壳姐粉丝问答实录三

问题一：贝壳姐，今天信用卡中心打电话给我。说我的信用度良好，先给我20万元现金用，分3年，每月还6 800元，我算了一下，利息很高。不明白他们这么做的目的。

答：如果你急需用钱，那可以救急。如果没有这个需求，最好别用，利率超级高。3年贷款利率为22.4%，也就是说贷款利率至少7.46%每年。

问题二：贝壳姐，我挑好的一只基金，是不是等它净值低点的时候买入更划算？

答：是的，跌的时候买入，涨的时候卖出。

精彩音频　即扫即听

问题三：一只基金成立时十几亿元，现在规模八亿元，反而少了，是说明业绩差吗？

答：规模的减少不能说明基金业绩差，也许是基金到了赎回期，正好客户们在同一个时间段里赎回了基金。

追问：有些基金一天涨幅百分之一百多，那是什么情况？

答：这种情况相当少，说明是有特殊情况的赚钱。

问题四：贝壳姐你好，我目前做的是兼职外卖，平时一单6元，然后我一天能跑7单，相当于一个月大约只挣了1 200元，然后业余时间卖画，可能最多一个月三千元，有什么办法可以让自己的收入增加吗？另外如何投资？

答：多多提高画画水平，拓展卖画渠道，卖画是提高收入的主要因素。如何投资可以根据节目中的内容，从分析自己的财务状况开始，强制支出，考虑进行基金定投。

问题五：贝壳姐，您好！我今年28岁，男，4月刚在日本读完研究生回国。现在就职于上海一家日资公司，刚入职月收入为税前7 000多元。未来打算在上海发展。您看我现在适合定投基金吗？

我是理财小白，怎么根据基金净值来判断什么时候买入该基金?

答：定投什么时候开始都不晚，新手可以边每周定投小额的尝试，边进行学习，根据净值、收益率曲线图来观察。

追问：我打算长期定投，因为我在国内刚刚参加工作，属于理财小白，性格趋向保守，所以对股票基金的风险还是有些小担心，或者是不是混合型基金会更适合我一些呢?

答：你如果风险能力承受比较小的话，我建议你买混合型基金或债券基金。

问题六：贝壳姐，100万元基金定投组合应该怎么操作？怎么做到利益最大化?

答：可以考虑私募基金。100万元不是小额，基金定投比较难做。或者可以考虑分成每周定投5个基金，分别是股票型基金2个，混合型基金1个，货币基金1个，债券基金1个。

问题七：三线城市县城里边的商铺均价八千左右，是新盘的临街商铺，对面有个中学，适合投资吗?

答：买商铺要考虑的基础两点：① 商铺所处地段怎么样？有没有大型居民区、学校或者医院?

因为商铺最重要的是人流量；② 如果你觉得资金没问题，就可以考虑盘下来。

问题八：贝壳姐，我住在三线城市，手上资金30万元，看中了一个单身公寓，43.8万元，毛坯房。单身公寓是70年产权的住宅楼，中等的学区房，附近有超市、学校，交通便利。房龄已经10年，整个小区还可以。

追问：我月工资固定五千元，额外月收入也有一千多元，但是不算稳定，是否可以买这个单身公寓，按揭多少年比较合适？

答：确定了70年住宅产权后，你按揭可以用公积金贷款的话，就贷30年，如果是商业贷款，就是10年。

问题九：贝壳姐，您好，本人27岁，男，月薪1万元，房贷3 500元，房租1 000元。我自己有深圳一档社保，不知道您有没有特别具体某个保险公司的品种推荐呢？求推荐一个健康类保险。

答：你可以买一个重疾险+医疗险，一年费用大概不超过4 000元，可以考虑泰康、阳光、人寿等。

追问：另外，我也想给父母买一份健康类保险，他们没有社保，农村户口，父母年龄53岁，跟我在深圳。

答：　　如果经济条件有限制，可以买住院医疗险，建议选平安的，每年缴费，比较便宜。平安的好像是60岁以下都能买，买好以后每年续保可到99岁。具体可询问平安保险工作人员。

问题十：贝壳姐，我父母都50岁了，有农村合作医疗，我给他们买了一份商业医疗保险，请问还有必要买重疾险吗？他们这个年纪除了重疾险还有什么保险可以购买，来让保障更全面一点呢？

答：　　父母年纪大，可以买意外险包含骨折的那种，这个适合老年人。

追问：　如果50岁了开始买重疾险合适吗？感觉保费太高了，有没有必要购买呢？只买消费型保险合适吗？

答：　　保险本身就是保障作用，年纪越大保费越高。对于年纪比较大的人来说，无论哪种重疾险保费都是比较贵的。如果你觉得这个保费可以接受，那就买，接受不了就不买。保险最终的本质是未雨绸缪。你想买分红型或者返还型保险的话，里面具体的条款一定要看清楚，到底是什么情况下会返还或者有分红。在这里我想提醒一下，很多年轻人现在收入都不高，但是都很有孝心，想给父母买保险，但重疾险往往很昂贵，其实可以买一个便宜的住院医疗险来代替。

问题十一：理财其实能坚持下来真的好难啊，这真的是需要毅力。把坚持变成一种习惯，就简单了。

答：投资理财这个事情，真的不简单，不是难在什么专业知识，而是难在是否能坚持。想富有，大多数人都是需要通过自己的艰苦努力、坚持不懈，才可以获得财富自由的。

贝壳姐粉丝问答实录四

问题一：贝壳姐您好，我是第一次买基金，听了你的课程，想要买混合型基金，但是最近看了好多，实在不知道怎么选。有推荐的吗？我根据您课程里面的5部选择法进行挑选，但是完全符合评星、收益、经理人等等都好的基金挺少的。而且，我看中了几支基金，挺符合5部选择法的，比如有一支信诚四季红，我打算定投几年。但是我看了它们官网还有天天基金网等网站，都是前端收费，天天基金网上分红方式还不能改成红利再投资，所以我在纠结要不要买，还盼贝壳姐指点，谢谢啦！

答：　　你能按照5步法来选基金很棒！但是要知道世界上总没有完美的事，比如选出的基金也不一定能改成红利再投资，前端收费是正常的。

追问：　是不是可以理解为，只要大体上符合就可以购买对吗？不用过分纠结分红方式和前后端，关键看具体的收益，是吗？

答：　　是的，你的理解是正确的。

追问：　那如果我定投，我每月5日发工资，一般定投扣款日放在10号之前可以吗？还有一点，我现在看中的这支基金，可以通过天天基金网站购买，也可以用招行一卡通买。这两个渠道是不是没有区别？

答：　　定投的时间可以你自己决定，按照自己适应的生活习惯来。定投通过什么渠道买都可以，关键是选择一个有费率优惠的渠道。如果都没优惠，那就用银行的渠道购买，更安全放心。

问题二：贝壳姐，定投基金除了申购费、赎回费，还有什么费用呢？我买了一个每日定投的基金，有两次因为卡里没有及时充值，导致定投失败，我看见写的三次扣款失败定投计划就停止了，是这样吗？

答：　　定投基金除了你刚才提到的申购费和赎回费

就没有其他费用了，定投最好坚持，不要违约，不然定投计划就比较容易失败。

问题三：贝壳姐，能不能推荐些较好的银行保本理财？我看了杭州银行和南京银行，利率都比较低呢！

答：目前很多银行都推出了收益率有5.2左右的理财产品，但是建议大家开证券账户，通过账号买理财产品，目前海通证券有7%的保本理财产品。

问题四：贝壳姐，我基金定投已经坚持2年了，基本是当初最高点的时候定投的，这部分定投比重占个人每月收入20%，过高吗？

答：你定投比例可以下降到15%。

追问：除去生活费用，目前我打算50%保本理财，剩下就是定投基金，这部分短期内打算长期定投的，还有其他比较简便的投资途径么？保本理财可以提升比例吗？或者有什么其他投资途径推荐？

答：可以提升保本理财的比例，你还可以定投纸黄金。

追问：纸黄金定投也是在证券市场买吗？纸黄金和混合股基的风险对比是怎样的呀？

答：纸黄金定投可以通过银行账号。本书第三篇中有讲纸黄金，可以仔细读读了解一下。

问题五：贝壳姐，我有个问题不太明白，比如我6月22日就在网站上申购了定投基金，我定投扣款日设定在每月10日，那第一次扣款就是2017年7月10日，那是不是意味着18天后银行才扣款，我的购买行为才完成？我这样理解是对的吗？

答：你理解的是对的。

追问：那如果这样，我是不是应该在2017年7月6日，提前个几天买就可以了。没必要提前10几天就申购对吗？

答：是这样的，说明你有认真听节目内容，理解的比较透彻，不过要注意，定投要坚持哈，坚持才能看到效果。

问题六：贝壳姐您好，我想求教一个问题。富国军工分级这个基金，我现在已经亏了60%，4万元现在已经亏了2万3千多元了。我是2015年3月买的，当时基金处于高价，想问问您现在我该怎么做？是等着还是卖一点呢？

答：我想问您，您是不是高价买入的基金，为什么会亏损这么多呢？分级基金和普通基金不一样，有下跌风险，没经验最好是不要购买，您

最好从普通基金买起，多积累经验。

问题七：我是做销售的，收入很不稳定，开支也大，如果强迫自己每月定存一些钱，是做理财还是银行定期存款比较好？请你给我这个理财小白个好的建议！

答：收入不稳定的话，定存还是选宝宝类理财产品比较好。

问题八：贝壳姐，前两年因一朋友做保险，迷迷糊糊给儿子买了一份保终身的保险。听了贝壳姐的课程之后，我觉得购买的这份保险很不好。请问如果退保可行吗？

答：首先你要确定，是否已经超过犹豫期，超过的话就很难退保，会有违约金。你的保险合同里有一个现金价值表，你对应看现在是多少年的金额，就是你退保能拿到的钱。

其实保终身并不好，意味着保费高，我们一般保到80岁就够用了。

追问：我交了两年了，要是退保只能退回462元。要不要继续交下去？我算了一下，20年要交7万多元保孩子终身。而且这个本金取不出来，我还问了保险公司，保终身的保险没有本金返回。

答：　　你现在退保不划算。你现在只能继续交下去，然后到10年后向保险公司贷款，把之前的本金贷款出来，保单可以用来做抵押贷款，利息还低，或者去更改保单。还有一个办法，就是到20年后再取出本金。

结语

推荐培养投资思维的理财进阶读物和电影

许多朋友跟着贝壳姐学理财已经入了门，想更深入了解，那么针对这些有了一些理财理念的朋友，我想推荐3本理财进阶读物。

（1）《解读基金：我的投资观与实践》，作者是季凯帆。他的博客几乎传遍了中国基金类网站的各个论坛，他的文章成为基金投资者入门和提高的必读文章。在这本书中，他从明确投资目标、选择基金品种和制定投资策略等方面，对他坚持长期投资和注重风险控制的投资观点进行了更系统、更全面的阐述，并且全方位地解读基金投资的奥秘。这本书是为还不太懂基金的朋友准备的。

（2）《巴菲特传：一个美国资本家的成长》，这本书由罗杰•洛文斯坦撰写，以巴菲特独有的投资风格和管理方式为焦点，作者对他充满传奇色彩的投资策略、人生哲学和管理智慧等进行深入透彻的描述和分析。也许并不是每个人都能成为巴菲特，但是对于我们普通人来说，我们可以从巴菲特的传奇人生和投资生涯中得到些许启示，提升自己的投资能力甚至人生层次。它被奉为投资者不可不读的投资经典。

（3）《彼得•林奇的成功投资》，国内有多种版本，是最受普通投资者欢迎与推崇的投资经典之一。这是彼得•林奇专门为业余投资者所写的有关股市投资技巧的书。在书中，他比较了专业投资者与业余投资者的差别，提出了业余投资者在股票投资上比专业的基金经理有更大的优势，并教给投资者各种选股的方法，包括如何得到公司真实的基本信息，如何从生活中发现值得投资的大牛股。

这三本书都比较经典，值得大家用来反复读。如果有小伙伴觉得实体书太沉，可以网上搜搜电子版本。

有小伙伴问，没时间看书怎么办？贝壳姐也在这里推荐2部金融题材的电影，也许你在电影中也能领悟到投资理财的诀窍。

电影一：《华尔街之狼》

想必很多人都听过，这是马丁•斯科塞斯执导的一部喜剧片，由莱昂纳多领衔主演。影片讲述的是华尔街传奇人物乔丹•贝尔福特的故事，这位股票经纪人曾在三分钟内赚取1 200万美元，31岁时就拥有亿万家产。当然这部影片是根据乔丹的个人回忆录改编，讲述了他游走在法律边缘的发家生涯以及他的沉沦生活。大家有机会一定要看看。

电影二：《大空头》

这是一部传记剧情片。它根据迈克尔•刘易斯同名小说改编，讲述了在华尔街金融危机时，四个性格怪异的男人抓住机会，从全球经济衰退中捞取了利润，同时他们还试图阻止全球经济衰退的故事。

其实要实现财富自由并非如电影上所演绎得那么容易，投资是一门学问，不努力学习是不可能掌握里面的精髓的。我们还要克服困难，改掉一些懒惰的坏习惯，制定好的计划并在计划时间内完成，拖拖拉拉对自己放松的话，就会离财富自由又远了一步。所以各位小伙伴们，别再把时间浪费在一些对你没有任何帮助的事情上了，有时候要对自己狠一点，要像军人一样履行自己给自己发号的施令。有好的金点子就要立刻马上行动起来！不行动永远都是空谈，好的思想要配合及时的行动力才能发挥出好思想的最佳效果，晚了一步可能就被别人先登上胜利的珠峰。现阶段要培养自己对购买资产的敏锐嗅觉，减少购买负债的次数，对于我们老百姓来说，开源节流将是达到财富自由最重要的基石，请大家牢记这句话。

最后，贝壳姐跟大家分享一些获取投资理财信息的渠道，除了身边的亲朋好友推荐，主要有网站和微信公众号两个渠道。先说说网站，综合类的信息大家可以参考新浪财经、腾讯财经等这些比较权威的门户网站；如果是基金类的信息，可以参考天天基金网；如果是股票类的信息，可以参考同花顺、财新社。大家也可以关注贝壳姐的微信公众号贝壳club (微信号码:beikeclub)，也可以加入“爱贝壳学理财”QQ群（群号：465138477），欢迎随时留言提问。

后记

致所有在学习理财中奋斗的你

我非常喜欢自驾旅行,过去的这几年曾经自驾了26个省,曾经我还自驾了318川藏线,穿越过可可西里无人区,最后走青藏线归来,这一趟西藏之行让我不断在思考：人生最可怕的不是死亡，而是从未精彩地活过。所以，我们的“未来”，该如何精彩地活着呢？那些我们尚未实现的梦想，那些未曾到达的远方，都在静默地等待着我们一起出发。

看到这本书的朋友们,在这里我有五句话想对大家说。

热爱你的工作，因为专注能让你更有价值。

不管是刚参加工作的年轻人，还是已经工作多年的资深人士，我希望大家继续专注于自己喜欢的工作。没有不好的行业，只有做不好的人。当你成为业内专家或高手的时候，你自然能获得不菲的收入、人们的尊重、内在的自信。

可以尝试做黄金的定投。

全球市场动荡加剧，股市、原油等风险资产暴跌，美元的霸主地位正在不断被挑战，全球范围内的战争摩擦频繁发生，“黄金”正越来越显示出避险的作用，恰巧黄金还在低价期，大家可以尝试通过银行开设黄金帐户做个3～5年的长期定投。在这个帐户里可以自由买卖黄金，做定投，也可以兑换出实物黄金比如金条、金砖、金元宝等。据我了解，现在各大银行都有开设黄金帐户的服务，比如有的银行1元起就可以开设黄金帐户买卖黄金，年轻人可以每周定投一定金额。

可以尝试做指数基金的定投。

股市的新手们，不妨开始布局定投沪深300指数类基金的定投，也是可以每周定投，100元起投，大家可以尝试在各大基金网上设置自己的定投习惯，做好这项投资。等到2019年底的时候，我们再看看A股指数多少，验证一下贝姐今天跟大家分享的策略是否正确。

可以学习一下债券类产品。

在银行存款的利息、理财产品的利息已经逐渐低廉的时代，大家不妨考虑下债券类低风险产品，收益也不错。

在股市被套牢的同学，应该好好学习一下解套的方法。

不要老是怨天尤人或唉声叹气的，行动起来，去学习方法、实践方法，才是解决之道。

最后，特别感谢大家非常有耐心地看完我的第一本正式出版的理财书。第一次出书，难免有些疏漏，也请大家多多包容一个普通女人的理财梦想，相信你们的“贝壳姐”会“升级打怪”越来越棒哦！我也一定要在此特别感谢从2014年贝壳CLUB创建就一直陪着我经历投资理财路上风风雨雨的贝壳粉丝们，兔兔、桑巴、蓝星、惠锦、DINA、牛三等，还有不断促使我提高的团队好伙伴张谊女士、原志军先生、蔡骏先生……没有这么多朋友的支持，就不会有《贝壳姐带你系统学理财》这本书的问世。对我来说，他们是这个时代赠予我的最可爱的朋友，因为他们一直是我的精神支柱，为了给他们做好榜样，我不断地在鞭策自己努力学习，做好投资与理财，这样才有能力帮助到更多需要帮助的中国青年们。

未来终将属于你们！祝愿大家在坚持学习之后，终能找到属于自己的财富自由之路。